ABRÉGÉ

DE LA

GÉOGRAPHIE

D'HAÏTI

DE M. A. B. ARDOUIN

A L'USAGE

DE LA JEUNESSE HAÏTIENNE

PAR

DIANA RAMSAY

EN VENTE

CHEZ MADAME SAMUEL

A JACMEL

SEULE DÉPOSITAIRE

1881

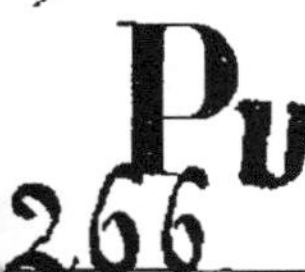

ABRÉGÉ

DE LA

GÉOGRAPHIE

D'HAÏTI

Paris. — Typographie de E. Plon et Cie, rue Garancière, 8.

ABRÉGÉ

DE LA

GÉOGRAPHIE

D'HAÏTI

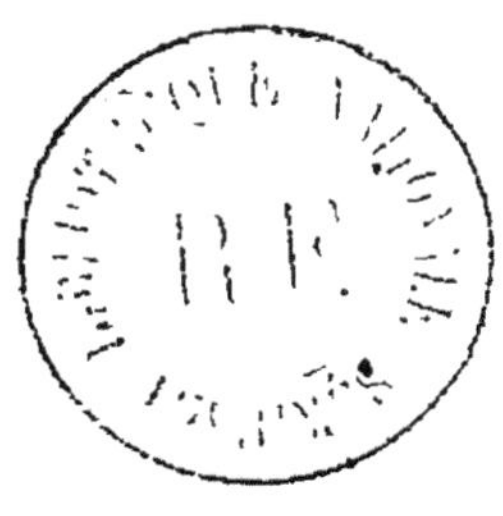

DE M. A. B. ARDOUIN

A L'USAGE

DE LA JEUNESSE HAÏTIENNE

PAR

DIANA RAMSAY

EN VENTE

CHEZ MADAME SAMUEL

A JACMEL

SEULE DÉPOSITAIRE

1881

En vertu de l'acte du 24 octobre 1880, je déclare céder tous mes droits sur le présent ouvrage à M. Samuel, à Jacmel.

IDA A. MARTIN.

Tout exemplaire non revêtu de ma signature est contrefait.

SAMUEL.

Jacmel, le 9 juillet 1859.

MADAME DIANA RAMSAY, *Directrice de l'École nationale de demoiselles établie en cette ville, au* SECRÉTAIRE D'ÉTAT DE LA JUSTICE ET DES CULTES, *au Port-au-Prince.*

SECRÉTAIRE D'ÉTAT : J'ai eu l'honneur d'écrire une lettre au Secrétaire d'État de l'Instruction publique, le 14 juin expiré, dans le but de lui faire savoir que j'avais adressé une pétition au gouvernement, sous la date du 19 avril dernier, dans le dessein de solliciter de sa bienveillance la faveur de m'accorder le *droit de propriété littéraire* pour des ouvrages classiques que j'ai publiés, et ceux que je possède encore sous presse. Ma démarche n'ayant obtenu aucun succès (car il m'a dit « que cette affaire est du ressort de la Justice »), je viens ici la rappeler à votre souvenir.

Ce *droit de propriété littéraire* sera de toute utilité pour, non-seulement la garantie, mais aussi l'encouragement des efforts, du dévouement et des pénibles veilles que, depuis près de douze ans, j'ai consacrés nuit et jour au bien-être de la jeunesse. La réussite de ma démarche sera enfin considérée comme un juste payement que le gouvernement aura accordé à mes labeurs, à ceux d'une malheureuse mère de famille sans autre secours que cette seule industrie dont elle demande ici la garantie.

Mes premiers ouvrages publiés ont été réimprimés au propre profit des imprimeurs et particuliers, sans que je puisse réclamer mes *droits de propriété*. Par cette *autorisation* émanée du gouvernement, nul n'aura la hardiesse de m'ôter la jouissance du fruit de mes peines et de mes veilles. C'est dans ce déboire, dont j'ai supporté l'amertume trop malheureusement, qu'aujourd'hui je fais cette démarche auprès de vous; et, dans la pensée qu'une si grande faveur me sera échue,

Je me souscris, Secrétaire d'État,

Votre dévouée et respectueuse servante,

D. RAMSAY.

LIBERTÉ. RÉPUBLIQUE D'HAITI. ÉGALITÉ.

PORT-AU-PRINCE, 12 juillet 1859.

Section de la Justice, N° 837.

An 56e de l'Indépendance.

Le SECRÉTAIRE D'ÉTAT *au département de la* JUSTICE *et des* CULTES, *à* MADAME DIANA RAMSAY, *Directrice de l'École nationale de demoiselles établie à Jacmel.*

MADAME : Votre pétition sous la date du 9 de ce mois est en ma possession. Appréciant sa teneur, le gouvernement, par mon organe, vous accorde *le droit de propriété littéraire* que vous sollicitez pour les divers ouvrages classiques que vous avez sous presse ou que vous vous proposez de publier à l'avenir. Continuez, Madame, de produire des œuvres utiles à la jeunesse haïtienne; et que vos ouvrages, comme déjà vous l'avez fait, soient toujours marqués du cachet de la morale religieuse : c'est le moyen de les rendre impérissables.

Je vous salue, Madame, avec une haute considération.

E. F. DUBOIS.

AU

RÉVÉREND W. H. WEBLEY

Ministre de l'Évangile, Pasteur de l'Église Baptiste de Jacmel

ET A

MESDAMES MARTHA HARRIS ET JESSY L. CLARK

AUJOURD'HUI

MESDAMES JAMES B. JOB ET W. H. WEBLEY

Ex-Directrices de l'École Baptiste instituée en cette Ville

MONSIEUR ET MESDAMES,

Votre attention, votre constante amitié et votre charité chrétienne pour moi, vous méritent, mes chers amis, une place bien distinguée, et digne de vous, dans ma considération. Tant de droits incontestables que vous avez à mon attachement et qui vous ont acquis une puissance sur mon cœur, me font éprouver en ce moment le besoin de vous donner une preuve éclatante de ma vive reconnaissance et de mon éternelle gratitude. Ainsi, pénétrée de ces nobles et hauts sentiments qui sont les qualités essentielles de toute âme sensible, je viens vous en donner aujourd'hui un témoignage sincère et public, en vous dédiant cette petite ***Géographie d'Haïti,*** fruit de la constante ardeur et du désir que j'éprouve d'être utile à la jeunesse, de là à la société tout entière, dont cette jeunesse doit être un jour le plus glorieux et le plus bel ornement; ainsi c'est à l'ombre de votre généreuse protection, vous qui sans cesse vous offrez aux jeunes personnes pour exemples féconds des principes heureux qui forment les bases de leur éducation : c'est, dis-je, à l'ombre de votre protection et de votre juste mérite, que je viens placer cette nouvelle édition de mon ouvrage, vous priant d'y accorder la même attention dont j'ai toujours été l'objet de votre part. La reconnaissance m'a ordonné ce devoir sacré, que je remplis en ce moment envers vous, et l'amitié en cette circonstance a dicté et guidé ma plume : le premier sentiment est pour moi une puissante loi ; et le second un besoin, une source de félicités parfaites et durables, dont mon cœur ne doit les douceurs qu'à vous seuls.

Oui, mes chers amis, si vous avez abandonné votre patrie, vos amis et vos parents chéris, pour venir au milieu de nous ensemencer nos âmes du pieux sentiment du salut, pour en être les fermes appuis et nous faire savourer les charmes que, dans les sentiments religieux, recèle une bonne et solide instruction fondée sur la parole de Dieu — le Seigneur, en sa justice suprême, saura vous récompenser au delà de tout ce que peut se promettre l'imagination du fidèle. Sans doute, mes chers amis, et vous pouvez le croire avec nous, le Sauveur jette déjà un regard paternel sur vous, et vous comble de ses bienfaits; car si vous avez beaucoup souffert ici pour lui, vous avez aussi formé dans la carrière de la vie des âmes reconnaissantes qui vous aiment, vous affectionnent avec tendresse, et surtout vous apprécient à votre juste mérite.

En plaçant vos honorables noms, qui me sont si chers, à la première page de ce livre élémentaire, je le décore d'un titre précieux; je le décore, il me semble, de tout ce qu'il y a de plus beau aux yeux de mes compatriotes; et si je suis assez heureuse pour vous plaire, pour le voir couronné du prix de votre favorable accueil que j'ambitionne, j'en serai satisfaite, autant que je serai pleinement payée de l'aride et minutieux labeur de cette nouvelle édition.

Recevez donc, je vous prie, par la dédicace de cet ouvrage, un léger témoignage de mon attachement, de mon respect et de mon estime. Puisse notre bon Père céleste répandre abondamment et toujours sur vous ses bénédictions et les influences de son Saint-Esprit; puissiez-vous aussi croire à mon affection sincère, et à l'accomplissement de mes vœux en votre faveur que j'attends bien patiemment en Jésus-Christ.

J'ai l'avantage de me souscrire, Monsieur et Mesdames, de vos bontés,

la très-reconnaissante,

Diana MARTIN, née RAMSAY.

Jacmel, 18 juin 1857.

CANTIQUE PATRIOTIQUE

AIR : « *Déesse de la Liberté.* »

DÉDIÉ A

SON EXCELLENCE FABRE GEFFRARD, PRÉSIDENT D'HAITI

Chanté par les élèves de l'École nationale de Demoiselles établie à Jacmel, le jour de l'examen de cette susdite École

(*le* 15 *décembre* 1859)

DIEU tout-puissant, écoute la prière
Que tes enfants, réunis en ce jour,
Avec ardeur t'adressent, ô bon Père!
Exauce-nous, Seigneur, dans ton amour!
Bénis GEFFRARD, sois sa ferme assurance,
Son bouclier et son sûr étendard,
En le plaçant, Grand Dieu! sous ta puissance!
Bénis, Seigneur, bénis GEFFRARD! (*Bis.*)

O bon Jésus, que ton amour immense,
Ta charité pénètrent dans son cœur!
Sois son garant, son unique espérance,
Et son soutien, et son libérateur!
Bénis GEFFRARD, sois sa ferme assurance,
Son bouclier et son sûr étendard,
En le plaçant, Jésus, sous ta puissance!
Bénis, Seigneur, bénis GEFFRARD! (*Bis.*)

Divin Esprit! ô source de lumière!
Remplis GEFFRARD, oh! remplis tout son cœur!
Que son chemin, Saint-Esprit tutélaire,
Soit dirigé par toi pour son bonheur!
Bénis GEFFRARD, sois sa ferme assurance,
Son bouclier et son sûr étendard.
Divin Esprit, mets-le sous ta puissance!
Oh! bénis et garde GEFFRARD! (*Bis.*)

Reçois, Seigneur! cette prière ardente,
Que pour GEFFRARD nous élevons à toi;
Exauce-la. Jésus, sois son attente,
Enrichis-le de ta paix, de ta foi!
Bénis GEFFRARD, sois sa ferme assurance,
Son bouclier et son sûr étendard.
En le plaçant, Jésus, sous ta puissance,
Bénis et conserve GEFFRARD! (*Bis.*)

Recevez, Président, ce faible témoignage de reconnaissance et d'affection sincère d'une fidèle et zélée servante de la Patrie.

AVERTISSEMENT

L'étude de la géographie d'Haïti, si longtemps négligée parmi nous, est aujourd'hui regardée comme l'une des plus importantes (*pour les Haïtiens*). Il est donc nécessaire qu'elle soit répandue.

Quelques personnes s'étonneront peut-être que l'on n'ait pas disposé cette géographie par demandes et par réponses ; mais cette forme, plus commode à la mémoire, a de graves inconvénients. Les enfants croient avoir rempli leur tâche en apprenant par cœur des réponses dont ils ne lisent guère les demandes; et, presque toujours, ils sont hors d'état de répondre à d'autres questions qu'à celles contenues dans le livre. Nous espérons obtenir de meilleurs résultats en plaçant des questions et des exercices à la fin de chaque chapitre. Les exercices suffiront, sans doute, pour donner une idée de toutes les questions que l'on peut adresser aux élèves.

La promptitude avec laquelle la première et la seconde édition, imprimées en 1853 et en 1857, ont été épuisées, prouve évidemment l'utilité de ce petit ouvrage, et les avantages que les instituteurs ont retiré de son usage; c'est pourquoi nous nous encourageons à revoir et augmenter cette nouvelle édition autant qu'il nous est possible, tout en la rendant simple et facile aux enfants. Cette petite géographie leur offrira aussi des faits parfaitement vrais et des récits pleins d'intérêt, qui, tout en ornant leur esprit de connaissances utiles, contribueront à développer dans leurs jeunes cœurs le germe précieux de l'amour de la patrie, que leurs parents et leurs instituteurs y ont sans nul doute déjà déposé.

Nous osons espérer que ce petit ouvrage rendra quelque service à la jeunesse haïtienne, et que par son moyen elle apprendra la géographie de son pays, qui doit être pour elle d'une haute importance et d'une grande utilité.

Que le Seigneur, sans la bénédiction duquel tous nos efforts sont vains, daigne en sa grâce nous enseigner, nous encourager, et nous guider dans l'œuvre difficile, il est vrai, mais utile et belle, qui nous est confiée; et que dans son immense bonté, il daigne jeter un regard de miséricorde sur toutes les écoles d'Haïti! Qu'il bénisse tous ceux qui les dirigent, en leur accordant la grâce de rechercher auprès de lui la force, la sagesse, la prudence et la patience, dont ils ont besoin! Qu'il leur fasse sentir et éprouver que son approbation est une récompense suffisante et éternelle!

Puisse cette petite géographie mériter l'indulgence du public; et puisse-t-elle, enfin, vivre longtemps dans son esprit.

Source de tous nos biens, Auteur de notre vie,
Couvre de ton égide, ô Dieu, notre Patrie!
Daigne au milieu de nous établir l'union,
La liberté, la paix, et la religion.

Bannis de nos cités l'aveugle fanatisme,
La criminelle envie, et le froid égoïsme!
Que la voix de ton fils, ô Dieu de charité,
Étouffe parmi nous toute animosité.

A notre Président accorde la sagesse,
Qu'il opère le bien, sans crainte et sans faiblesse.
Accorde-lui ta grâce, et garde-le d'erreur;
Oh! bénis-le, Seigneur! et sois son conducteur.

« Haïti, pays de montagnes et de vallons, d'étangs et de rivières, de vastes plaines et de riants coteaux, est une patrie toujours chère à ses enfants. Quel que soit le lieu où la nécessité, l'ambition ou la curiosité ait pu conduire chacun d'eux, — dans quelques régions qu'une brise favorable ou qu'un vent d'orage l'ait poussé, — le souvenir de cette belle terre qui lui a donné le jour l'accompagne; ses chants nationaux et les récits de son histoire lui arrachent aisément des larmes! »

ABRÉGÉ
DE LA
GÉOGRAPHIE D'HAÏTI

PREMIÈRE PARTIE

CHAPITRE PREMIER

DES CARTES GÉOGRAPHIQUES.

L'usage des globes est utile et commode, parce qu'étant de même forme que la terre, ils représentent mieux la situation des divers pays et les rapports qu'ils ont entre eux. Mais comme il n'est pas possible de faire un globe assez gros pour y placer d'une manière distincte tout ce que la géographie doit remarquer, on se sert de *cartes*.

Les *cartes géographiques* sont de grandes feuilles de papier qui représentent la position des différentes parties du globe de la terre. On peut les regarder comme des parties détachées du globe et appliquées sur une surface plane.

Il y a deux sortes de *cartes géographiques,* savoir : les *cartes générales* et les *cartes particulières*.

1

Les *cartes générales* sont celles qui représentent ou le globe entier de la terre, ou l'une de ses quatre parties.

Les *cartes particulières* sont celles qui ne représentent qu'un *pays*, un *État* particulier, ou une *partie d'État*.

On appelle *mappemonde* ou *planisphère* la carte qui représente la terre dessinée sur le papier; on nomme *hémisphère* chacune de ces deux moitiés du globe.

Ce dessin montre la terre divisée en deux hémisphères, parce qu'il serait impossible de voir sur le papier le globe tout entier, tel qu'il est naturellement; si l'on voulait dessiner le globe sans le diviser, la moitié de dessus cacherait celle de dessous.

EXERCICES.

1° Ne se sert-on que du globe pour connaître la surface de la terre?
2° Qu'entendez-vous par cartes géographiques?
3° Combien y a-t-il de sortes de cartes?
4° Quelles sont les cartes générales?
5° Quelles sont les cartes particulières?
6° Qu'est-ce qu'une mappemonde?
7° Qu'est-ce qu'un hémisphère?
8° Qu'est-ce qu'un planisphère?

CHAPITRE II

DE LA GÉOGRAPHIE EN GÉNÉRAL

La géographie est une science qui enseigne le nom et la situation des divers pays de la terre.

Le mot *géographie* signifie, description de la terre.

La terre est ronde : elle a la forme d'un globe ou d'une

boule ; ce qui le prouve, c'est que, par-dessus les grandes plaines ou les grandes étendues d'eau, on ne peut voir que le haut des édifices, des montagnes ou des vaisseaux très-éloignés. Voilà pourquoi notre vue est limitée de tous côtés sur la terre; cette limite forme un grand *cercle* autour de nous, et s'appelle *horizon.*

Les montagnes n'empêchent pas la terre d'être ronde, parce qu'elles ne sont rien comparativement à sa grosseur : la terre, en effet, a 40,000 kilomètres de tour, ou environ 13,000 kilomètres d'élévation.

La terre est une planète qui tourne sur elle-même ; elle fait ainsi passer devant le soleil successivement tous les points de sa surface ; voilà pourquoi nous avons tour à tour le *jour* et la *nuit,* le *matin* et le *soir, midi* et *minuit,* enfin toutes les différentes heures. Elle est à 34 millions de lieues du soleil, dont la lumière lui parvient en 8 minutes.

La terre fait un tour entier sur elle-même en 24 heures. Elle tourne en même temps autour du soleil ; elle fait cette révolution dans l'espace d'une année.

La lune tourne autour de la terre dans l'espace de quatre semaines environ. Elle fait treize fois sa révolution autour de la terre dans une année.

On détermine la situation des divers pays de la terre au moyen des *quatre points cardinaux.*

Les quatre points cardinaux sont : l'*est,* l'*ouest,* le *nord* et le *sud.*

Le côté de l'horizon où le soleil semble se lever s'appelle est ; celui où il semble se coucher se nomme ouest. Le nord est la partie qui se présente à nos yeux lorsque nous avons l'est à notre droite et l'ouest à notre gauche. Le sud est dans la direction où nous voyons le soleil à midi ; il est opposé au nord.

Dans une carte régulière, le *levant* est à la droite de celui qui la regarde, le *couchant* est à sa gauche, le *nord* au haut de la carte, et le *midi* au bas.

L'est s'appelle aussi *orient,* ou *levant.*
L'ouest : *couchant,* ou *occident.*
Le nord : *septentrion.*
Le sud : *midi.*

On suppose encore d'autres points entre les points cardinaux ; ce sont : le ***nord-est,*** entre le nord et l'est ; le ***nord-ouest,*** entre le nord et l'ouest ; le ***sud-est,*** entre le sud et l'est ; et le ***sud-ouest,*** entre le sud et l'ouest.

Les points cardinaux et les points collatéraux forment ce qu'on appelle la ***rose des vents.***

La ligne imaginaire sur laquelle la terre fait son mouvement sur elle-même, et qu'on peut comparer à l'essieu d'une roue, s'appelle *axe.* Les deux extrémités de l'axe sont les *pôles :* l'un est le *pôle nord,* l'autre le *pôle sud.*

On nomme *équateur,* ou ligne *équinoxiale,* un grand cercle qui se trouve à égale distance des deux pôles, et qui divise la terre en deux demi-boules ou hémisphères. Ce cercle est dans la partie la plus chaude de la terre, car c'est au-dessus de cette partie que le soleil darde directement ses rayons.

A mesure qu'on s'éloigne de cette région, et qu'on s'avance vers le pôle nord ou vers le pôle sud, il fait de plus en plus froid.

EXERCICES.

1° Qu'est-ce que la géographie ?
2° Quelle est la forme de la terre ?
3° Donnez une description de la terre.
4° Qu'appelle-t-on horizon ?
5° Comment l'horizon prouve-t-il la rondeur de la terre ?
6° Pourquoi les montagnes n'altèrent-elles pas la forme de la terre ?
7° Quelle est l'étendue de la terre ?

8° Qu'est-ce qui cause la succession du jour et de la nuit ?
9° En combien de temps la terre tourne-t-elle sur elle-même ?
10° En combien de temps tourne-t-elle autour du soleil ?
11° Combien de fois la lune tourne-t-elle autour de la terre dans un an ?
12° Qu'est-ce que la terre ?
13° Quels sont les quatre points cardinaux ?
14° Et les points collatéraux ?
15° En quel côté d'une carte sont marqués les points cardinaux ?
16° Comment détermine-t-on la situation des divers pays de la terre ?
17° Qu'appelle-t-on rose des vents ?
18° Qu'est-ce que l'axe ?
19° Dites-nous ce que c'est que les pôles.
20° Où fait-il le plus chaud ? le plus froid ?

CHAPITRE III

TERMES GÉOGRAPHIQUES APPLIQUÉS A LA TERRE ET A L'EAU.

La surface du globe est composée de terre et d'eau.

Les différentes parties de terre prennent les noms de continents, contrées, îles, presqu'îles, caps, isthmes, etc.

Les différentes parties d'eau prennent les noms d'océan, mers, golfes, détroits, lacs, fleuves, rivières, ruisseaux, etc.

On divise la terre en cinq parties : l'Europe, l'Asie, l'Afrique, l'Amérique et l'Océanie.

Un continent est un grand espace de terre que l'on peut parcourir sans traverser la mer. Il y a trois continents :

1° L'ancien continent, qui comprend l'Europe, l'Asie et l'Afrique.

2° Le nouveau, qui comprend l'Amérique.

3° Le continent Austral, ou Nouvelle-Hollande, qui fait partie de l'Océanie.

On entend par *mer* ou *océan* la vaste étendue d'eau salée qui couvre à peu près les deux tiers du globe, et dont les parties prennent différents noms suivant leur position géographique.

Beaucoup d'îles rapprochées les unes des autres forment un *archipel.*

Les *côtes* sont les bords des continents et des îles.

Les *anses* et les *rades* sont des parties de mer qui pénètrent dans les terres.

Les *ports* ou *havres* sont des avancements plus petits que les golfes, propres à servir d'asile aux vaisseaux.

Un *marais* est un amas d'eau peu profond, situé dans la terre. Il existe souvent dans la mer des rochers dangereux pour les navigateurs; on les appelle *écueils,* ou *récifs,* ou *brisants.*

Un *canal* est un grand fossé où l'on introduit de l'eau pour faire circuler les bateaux, et pour établir ordinairement une communication d'un cours d'eau à un autre.

Un *volcan* est un gouffre qui s'ouvre le plus ordinairement sur une montagne, et d'où sortent de temps en temps des tourbillons de feu et de matières embrasées. L'ouverture de ce gouffre se nomme *cratère.*

On appelle souvent *côte* le penchant d'une montagne ou d'une colline, et quelquefois une montagne et une colline tout entière.

Une *colline* est moins élevée qu'une chaîne de montagnes.

Les *vallées* et les *vallons* sont des espaces profonds qui se trouvent entre deux montagnes ou entre deux chaînes de montagnes.

Un *défilé* est un passage étroit entre deux sommets de montagnes, ou entre une montagne et la mer.

Une *forêt* est une grande étendue de terre couverte de bois.

Un *torrent* est un cours d'eau impétueux, mais peu considérable, qui se dessèche ordinairement pendant l'été.

Une *cataracte* ou *chute* est l'endroit où un fleuve, une rivière, un torrent, tombent d'une grande hauteur; si cette chute est peu considérable, on l'appelle *cascade*.

Les *affluents* d'un cours d'eau sont divers cours qu'il reçoit.

EXERCICES.

1° De quoi la surface du globe est-elle composée?
2° Quels noms prennent les différentes parties de terre?
3° Quels noms prennent les différentes parties de l'eau?
4° En combien de parties divise-t-on la terre?
5° Qu'est-ce qu'un continent?
6° Combien y a-t-il de continents?
7° Qu'entend-on par « mer » ou « océan »?
8° Qu'est-ce qu'un archipel?
9° Le mot « côte » ne désigne-t-il pas en géographie deux choses très-différentes?
10° Qu'est-ce qu'une anse? Une rade? Un port ou havre? Un marais?
11° Qu'appelle-t-on écueils? Volcan? Vallée? Colline? Défilé? Forêt? Qu'est-ce qu'une cataracte ou cascade?

CHAPITRE IV

DESCRIPTION GÉNÉRALE DES ANTILLES.

On donne le nom d'Antilles à toutes les îles qui se trouvent entre l'Amérique septentrionale et l'Amérique méridionale, depuis les Florides jusqu'au cap de Paria. On les désigne aussi sous le nom d'Indes occidentales.

Les principales îles des Antilles sont :

Cuba : capitale, la Havane.

Haïti : capitale, Port-au-Prince.

La Jamaïque : capitale, Kingston.

Puerto-Rico : capitale, San-Juan.

La Martinique : villes principales, Port-Royal et Saint-Pierre.

La Guadeloupe : ville principale, Point-à-Pître.

Haïti est, après Cuba, la plus grande île des Antilles ; elle est située entre 17° 55′ et 20° de latitude septentrionale, et entre 71° et 77° de longitude occidentale. Elle a environ 160 lieues de longueur de l'est à l'ouest, sur une largeur du nord au sud qui varie depuis 60 jusqu'à 7 lieues ; elle a 350 lieues de tour, non compris les anses. et 5,200 lieues carrées de superficie.

Elle est placée à l'entrée du golfe du Mexique, et elle est baignée au nord par l'océan Atlantique et ses branches, au sud par la mer des Antilles.

Haïti est environnée de plusieurs autres îles, dont les principales sont :

Au nord, les Lucayes, appartenant à l'Angleterre.

A l'est, Puerto-Rico, appartenant à l'Espagne.

A l'ouest, la Jamaïque et Cuba; la première soumise à l'Angleterre, la seconde à l'Espagne.

Il y a d'autres îles, situées près des côtes d'Haïti et qui font partie de son territoire; nous en parlerons au chapitre septième.

EXERCICES.

1° Qu'est-ce que les Antilles?
2° Qu'est-ce que Cuba? quelle est sa capitale?
3° Qu'est-ce que Haïti? quelle est sa capitale?
4° Qu'est-ce que la Jamaïque? quelle est sa capitale?
5° Qu'est-ce que Puerto-Rico? quelle est sa capitale?
6° Qu'est-ce que la Martinique? quelles en sont les villes principales?

7° Qu'est-ce que la Guadeloupe? quelle en est la ville principale?
8° Quelle est la position d'Haïti en longitude et en latitude?
9° Quel océan baigne Haïti au nord?
10° Quelle mer la baigne au sud?
11° A quelle puissance sont soumises les Lucayes?
12° Quelle est l'île qui est située à l'ouest d'Haïti, et qui est soumise à l'Espagne?

CHAPITRE V

DIVISION DU TERRITOIRE.

Le territoire de la République d'Haïti est divisé en six départements, qui sont :

Le département de l'Ouest; chef-lieu, Port-au-Prince.
Id. du Sud; chef-lieu, les Cayes.
Id. du Nord; chef-lieu, Cap-Haïtien.
Id. de l'Artibonite; chef-lieu, Gonaïves.
Id. de Cibao, ou Nord-Est; chef-lieu, San-Yago.
Id. de l'Ozama, Sud-Est; chef-lieu, Santo-Domingo.

EXERCICES.

1° Comment est divisé le territoire de la République d'Haïti?
2° Quel est le chef-lieu du département de l'Ouest?
3° Id. du département du Sud?
4° Id. du département du Nord?
5° Id. du département de l'Artibonite?
6° Id. du département du Nord-Est?
7° Id. du département du Sud-Est?

CHAPITRE VI

DIVISION DES DÉPARTEMENTS.

Chaque département est divisé en arrondissements; chaque arrondissement est divisé en communes, et chaque commune en sections rurales.

Le département de l'Ouest a pour chef-lieu Port-au-Prince, et comprend les arrondissements du Port-au-Prince, du Mirebalais, de Jacmel et de Léogane.'

Le département du Sud a pour chef-lieu les Cayes, et comprend les arrondissements des Cayes, d'Aquin, de l'Anse-d'Eynault, de l'Anse-à-Veau et de Jérémie.

Le département du Nord a pour chef-lieu Cap-Haïtien, et comprend les arrondissements du Môle Saint-Nicolas, du Port-de-Paix, du Borgne, de Plaisance, de la Grande-Rivière, du Trou, du Fort-Liberté et de la Marmelade.

Le département de l'Artibonite a pour chef-lieu les Gonaïves, et comprend les arrondissements des Gonaïves et de Saint-Marc.

Le département de Cibao a pour chef-lieu San-Yago, et comprend les arrondissements de San-Yago, de Puerto-Plata et de Monte-Christo.

Le département de l'Ozama a pour chef-lieu Santo-Domingo, et comprend les arrondissements de Santo-Domingo, d'Azua et de Saint-Jean.

EXERCICES.

1° Comment sont divisés les départements d'Haïti?

2° Comment sont divisés les arrondissements?

3° Quels sont les arrondissements du département de l'Ouest?

4° Du département du Nord?
5° Du département du Sud?
6° Du département de l'Artibonite?
7° Du département de Cibao?
8° Du département de l'Ozama?

CHAPITRE VII

ILES.

Une île est un espace de terre entouré d'eau de tous côtés, et moindre que le continent; tels que Cuba, la Jamaïque, Haïti.

On nomme groupe d'îles une réunion d'îles désignées sous un nom général.

ILES ADJACENTES ET DÉPENDANTES D'HAÏTI.

Les îles adjacentes et dépendantes d'Haïti sont au nombre de dix, savoir :

La Gonave, à l'entrée de la baie du Port-au-Prince, a 14 lieues de longueur.

La Tortue, au nord, en face du Port-de-Paix, a 9 lieues de longueur sur 3,000 toises de largeur moyenne, sa superficie est de 11,734 carreaux.

La Saône, près de la baie de Higuey, au vent de Santo-Domingo, a 8 lieues de longueur sur 2 lieues de largeur, et 25 lieues de circonférence.

Sainte-Catherine, sous le vent de la Saône, a très-peu d'étendue.

La Béâte, au sud, en face de la pointe de la Béâte, a 2 lieues et demie de longueur sur une largeur de 2 fortes lieues.

Alta-Véla, au sud-sud-ouest de la Béâte, à 1,500 toises

dans sa plus grande longueur, et autant dans sa plus grande largeur.

L'Ile-à-Vache, à 3 lieues sud-sud-ouest de la ville des Cayes, a 4 lieues de longueur sur une largeur réduite de 5 quarts de lieue.

Les Caïmites, au nord-ouest de la presqu'île des Baradères, sont des îlets dont le plus grand a environ 2 lieues carrées de superficie.

La Mona et la Monica sont deux petits îlets à l'est de la Saône, entre Haïti et Puerto-Rico ; la Mona a 2 fortes lieues de l'est à l'ouest, la Monica a moins d'étendue.

EXERCICES.

1° Qu'est-ce qu'une île? que nomme-t-on groupe d'îles?
2° Quelles sont les îles adjacentes et dépendantes d'Haïti?
3° Quelles sont la position et l'étendue de la Gonave?
4° De la Tortue?
5° De la Saône?
6° De Sainte-Catherine?
7° De la Béâte?
8° De l'Alta-Véla?
9° De l'Ile-à-Vache?
10° Des Caïmites?
11° De la Mona?
12° De la Monica?

CHAPITRE VIII

DES PRESQU'ÎLES.

On appelle presqu'île, ou péninsule, un espace de terre presque entièrement entouré d'eau, et qui ne tient au continent ou à l'île que d'un seul côté.

Il y a en Haïti trois presqu'îles, qui sont :
La presqu'île de Samana, qui est la plus considérable, au nord-est de l'île d'Haïti.
La presqu'île du Môle Saint-Nicolas, au nord-ouest.
La presqu'île des Baradères, appelée Bec-du-Marsouin, dans le département du Sud.

EXERCICES.

1° Qu'est-ce qu'une presqu'île ?
2° Combien y a-t-il de presqu'îles en Haïti ?
3° Quelle est la presqu'île située au nord-est ?
4° Quelle est celle située au nord-ouest ?
5° Quelle est celle située dans le département du Sud ?

CHAPITRE IX

DES ISTHMES.

Un isthme est une partie de terre très-étroite, qui joint une presqu'île à une autre terre.
On compte en Haïti trois isthmes principaux, qui sont :
L'isthme de Samana, entre la baie Écossaise et la baie de Samana ; joint la presqu'île de Samana à l'île d'Haïti.
L'isthme du Môle, dans le département du Nord ; joint la presqu'île du Môle Saint-Nicolas à l'île d'Haïti.
L'isthme des Baradères, entre la baie du même nom et celle des Caïmites ; joint la presqu'île des Baradères à l'île d'Haïti.

EXERCICES.

1° Qu'est-ce qu'un isthme ?
2° Combien en compte-t-on en Haïti ?

3° Quel est l'isthme qui se trouve entre la baie des Baradères et celle des Caïmites ?
4° Quel est l'isthme qui se trouve entre la baie Écossaise et celle de Samana ?
5° Où est situé l'isthme du Môle ?

CHAPITRE X

DES DÉTROITS.

Un détroit est une partie de mer resserrée entre deux terres fort proches l'une de l'autre. Les détroits servent de communication entre deux mers ou deux portions de mer.

Les principaux détroits de l'île d'Haïti sont au nombre de neuf, savoir :

Le canal du Vent, entre Cuba et Haïti.

Le canal de la Tortue, entre la Tortue et le département du Nord.

Le canal de la Gonave, entre l'île de la Gonave et le département de l'Ouest.

Le détroit de l'Ile-à-Vache, entre le département du Sud et l'Ile-à-Vache.

Le détroit de la Béâte, entre la Béâte et le mont Bahoruco.

Le détroit d'Alta-Véla, entre la Béâte et Alta-Véla.

Le détroit de la Saône, entre Higuey et la Saône.

Le détroit de la Mona, entre Haïti et Puerto-Rico.

EXERCICES.

1° Qu'est-ce qu'un détroit ?
2° A quoi servent les détroits ?
3° Combien y en a-t-il en Haïti ?
4° Où est placé le canal du Vent ?
5° Le canal de la Tortue ?

6° Le canal de Saint-Marc ?
7° Où est placé le canal de la Gonave ?
8° Le détroit de l'Ile-à-Vache ?
9° Le détroit de la Béâte ?
10° Le détroit d'Alta-Véla ?
11° Le detroit de la Saône?
12° Le détroit de la Mona ?

CHAPITRE XI

DES GOLFES OU BAIES

Un golfe ou une baie est une partie de mer qui s'avance dans les terres. On donne ordinairement le nom de baies aux golfes de peu d'étendue.

Haïti compte un grand nombre de baies, dont les principales sont :

Au nord, la baie de l'Acul du Nord, de Caracole, du Fort-Liberté, de Monte-Christ, de Mancenille et de Balzamo.

Au nord-est, la baie Écossaise.

A l'est, la baie de Samana, qui est la plus considérable de toute l'île, et la baie de Higuey.

Au sud, la baie d'Ocoa, de Neybe, de Jacmel, de Bainet, des Flamands, du Mesle et de Saint-Louis.

A l'ouest du département du Sud, la baie de Tiburon, des Irois, de Dalmarie et des Caïmites.

Au nord du département du Sud, la baie des Baradères et celle de Miragoâne.

Au nord du département de l'Ouest, la baie du Petit-Goâve.

A l'ouest, la baie du Port-au-Prince, de Saint-Marc, des Gonaïves, de Henne et du Môle Saint-Nicolas.

EXERCICES.

1° Qu'est-ce qu'un golfe ?
2° Qu'est-ce qu'une baie ?
3° Combien y a-t-il de baies en Haïti ?
4° Quelle est la plus considérable ? Où est-elle située ?
5° Quelles sont les baies situées au nord d'Haïti ?
6° Celles au nord-est ?
7° Celles à l'est ?
8° Celles au sud ?
9° Celles à l'ouest du département du Sud ?
10° Celles au nord du département du Sud ?
11° Celles au nord du département de l'Ouest ?
12° Celles à l'ouest ?

CHAPITRE XII

DES CAPS.

Un cap ou promontoire est une éminence de terre qui s'avance dans la mer : on l'appelle pointe ou bec quand elle est peu élevée.

Les principaux caps de l'île d'Haïti sont au nombre de vingt, savoir :

Dans le département de Cibao, le vieux cap Français, le cap Cabron, le cap de Samana.

Dans le département de l'Ozama, les caps Engaño, Raphaël et Espada, les pointes de Nizao et d'Ocoa.

Dans le département de l'Ouest, le cap Mongon, de Jacmel, de Bainet, et le Faux cap.

Dans le département de l'Artibonite, le cap Saint-Marc.

Dans le département du Sud, les pointes d'Abacou et à

Gravois, le cap Tiburon, le cap à Foux, le cap des Irois et e cap de Dalmarie.

Dans le département du Nord, le cap Saint-Nicolas et le cap aux Foux.

EXERCICES.

1° Qu'est-ce qu'un cap ou promontoire?
2° Qu'appelle-t-on pointe ou bec?
3° Combien y a-t-il de caps principaux dans l'île d'Haïti?
4° Quels sont les caps du département de Cibao?
5° Du département de l'Ozama?
6° Du département de l'Ouest?
7° Du département du Sud?
8° Du département de l'Artibonite?
9° Du département du Nord?

CHAPITRE XIII

DES MONTAGNES.

Une montagne est une grande élévation de terre.

Une chaîne de montagnes est une suite de montagnes qui se prolongent à une grande distance.

Il y a en Haïti plusieurs montagnes : la principale est celle de Cibao, qui forme un groupe considérable, à peu près vers le centre de l'île, et d'où partent plusieurs chaînes dans des directions diverses.

Les autres sont : la Selle, la Mexique et le Bahoruco ou Maniel, qui forment la même chaîne, laquelle, après s'être dirigée de l'ouest à l'est, va se terminer au sud, à la pointe de la Béâte.

La Hotte forme la chaîne qui part des Platons, dans l'ar-

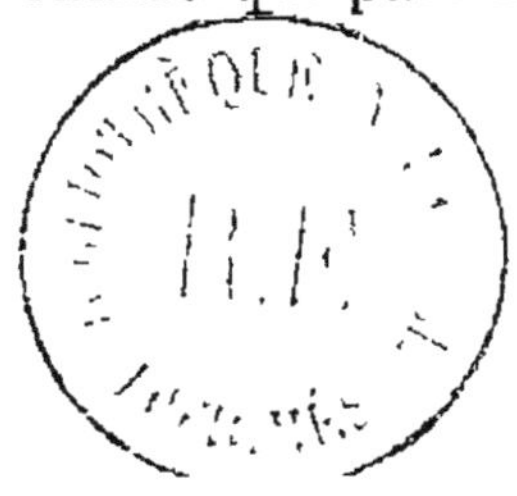

rondissement des Cayes, et se termine au cap à Foux, près de Tiburon.

Le Monte-Christ forme une chaîne qui commence à la pointe de la Grange, et se termine à la presqu'île de Samana.

Les montagnes Noires et les Cahos commencent à la Marmelade et se terminent dans l'arrondissement de Saint-Jean.

La montagne de Los Muertos forme la chaîne qui se termine au cap Engaño, dans le département de l'Ozama.

EXERCICES.

1° Qu'est-ce qu'une montagne ?
2° Qu'est-ce qu'une chaîne de montagnes ?
3° Combien y en a-t-il en Haïti ?
4° Quelle est la principale montagne ?
5° Décrivez-nous la chaîne formée par la Hotte ; a Selle, etc.
6° Où est situé le Monte-Christ, et quelle chaîne forme-t-il ?
7° Quelle est la situation des montagnes Noires et des Cahos ?
8° Quelle est la chaîne qui se termine au cap Engaño ?

CHAPITRE XIV

DES PLAINES.

On appelle plaines les différentes parties des continents ou des îles dont la surface est horizontale, ou à peu près unie, ou simplement sillonnée de légères ondulations, larges et étendues.

Les principales plaines de l'île d'Haïti sont au nombre de quatorze :

La Véga-Réal, au nord-est, est la plus spacieuse ; elle a environ 80 lieues de longueur.

La plaine de Santo-Domingo, à partir de la rive gauche de l'Ozama jusqu'au cap Engaño ; elle a 60 lieues de longueur.

La plaine d'Azua, entre la rivière de Neybe et l'anse de la Caldera ; elle a 150 lieues de surface.

La plaine de Neybe a 80 lieues carrées de surface.

Les plaines de Saint-Jean, de Banica et de Hinche, appelées vallées de Saint-Thomas et de Goâve, ont ensemble 200 lieues carrées de surface.

Les plaines du département du Nord peuvent être évaluées dans leur ensemble à une surface de 180 lieues carrées.

La plaine du Cul-de-Sac, près du Port-au-Prince, a 8 lieues de l'est à l'ouest.

La plaine des Gonaïves a environ 45 lieues carrées.

La plaine de l'Artibonite a environ 40 lieues carrées.

La plaine de l'Arcahaie, le long de la mer, a environ 5 lieues de l'est à l'ouest.

La plaine de Léogane, dans le département de l'Ouest, a environ 7 lieues de l'est à l'ouest.

La plaine des Cayes, dans le département du Sud, a une surface d'environ 20 lieues carrées.

EXERCICES.

1° Qu'est-ce qu'une plaine ?
2° Combien compte-t-on de plaines principales en Haïti ?
3° Quelle est la plaine la plus spacieuse ?
4° Décrivez-nous la plaine de Santo-Domingo.
5° Faites-nous connaître la position et l'étendue de la plaine d'Azua.
6° Quelle est la superficie de la plaine de Neybe ?

7° Qu'est-ce que les plaines de Saint-Jean, de Banica et de Hinche ?
8° Quelle est la superficie des plaines du département du Nord ?
9° Où est située la plaine du Cul-de-Sac ?
10° Quelle est la superficie de la plaine des Gonaïves ?
11° — de la plaine de l'Artibonite ?
12° Quelles sont la position et l'étendue de la plaine de l'Arcahaie ?
13° Quelles sont la position et l'étendue de la plaine de Léogane ?
14° Quelles sont la position et l'étendue de la plaine des Cayes ?

CHAPITRE XV

DES LACS ET ÉTANGS.

Un lac est une étendue d'eau entourée de terre, et qui n'a aucune communication avec la mer.

Un étang est un amas d'eau dormante entouré de terre, mais de moindre étendue qu'un lac.

Il y a en Haïti quatre étangs principaux, qui sont :

L'étang Salé, appelé aussi lac de Xaragua ou Enriquille, dans le département de l'Ozama ; c'est le plus considérable.

L'étang Saumâtre, ou Laguna de Assusi, à deux lieues au nord-ouest de l'étang Salé, dans le département de l'Ouest.

L'étang d'eau douce, ou Laguna Icotéa, à une lieue au sud de l'étang Salé.

L'étang de Miragoâne, dans le département du Sud.

EXERCICES.

1° Qu'est-ce qu'un lac ?
2° Qu'est-ce qu'un étang ?

3° Combien y a-t-il d'étangs en Haïti?
4° Quel est l'étang le plus considérable?
5° Quelle est sa position, et ses différents noms?
6° Qu'est-ce que l'étang Saumâtre?
7° Où est situé l'étang d'eau douce?
8° Quel est l'étang situé dans le département du Sud?

CHAPITRE XVI

DES FLEUVES ET RIVIÈRES.

Un fleuve est un grand courant d'eau douce, alimenté par les rivières et les ruisseaux, et qui se jette dans la mer.

Une rivière est un courant d'eau moins considérable, qui se jette dans un fleuve ou dans une rivière.

Un ruisseau est un petit courant d'eau, non navigable, qui se jette dans un fleuve ou dans une rivière.

On appelle rive droite ou rive gauche d'un fleuve ou d'une rivière, le côté droit ou gauche d'une personne qui suit le cours du fleuve ou du courant d'eau.

La source est l'endroit où le fleuve, la rivière ou le ruisseau sort de la terre.

L'embouchure est l'endroit où le fleuve se jette dans la mer.

L'endroit où deux courants d'eau se rencontrent et se réunissent se nomme confluent.

Haïti est arrosée par quatre courants principaux, qui descendent de la partie centrale de la chaîne des montagnes principales, et la parcourent en plusieurs directions. Ces quatre fleuves sont :

La Neyba, qui traverse la vallée de Saint-Jean, court vers le nord, et se jette dans la mer, dans le département de l'Ozama.

La Yuna court vers l'est arrose la plaine de la Véga-

Réal, et se jette dans la mer, dans le département de Cibao.

Le Grand-Yaque court vers le nord, traverse la plaine de San-Yago, et se jette dans la mer, dans le département de Cibao.

L'Artibonite est le courant le plus considérable de la partie occidentale de l'île. Il prend sa source dans le Cibao, arrose toute la partie ci-devant française, traverse le Mirebalais, parcourt la plaine de son nom, et se précipite dans la mer.

Son cours est d'environ 60 lieues en ligne droite, depuis le Cibao jusqu'à son embouchure. De novembre en mai, l'Artibonite n'a que trois ou quatre pieds de profondeur; mais dans la saison pluvieuse, de mai en novembre, ce petit fleuve, semblable au Nil qui arrose et féconde l'Égypte, déborde prodigieusement, franchit ses digues, et se répand dans la plaine, qu'il fertilise et rafraîchit.

Un autre fleuve d'un cours moins considérable, mais dont le lit est profond, c'est l'Ozama : il est remarquable parce que c'est sur ses bords que s'élève la ville de Santo-Domingo.

Un grand nombre de rivières et de ruisseaux arrosent en différents sens toutes les parties de l'île : mais aucun de ces cours d'eau n'est navigable.

EXERCICES.

1° Qu'est-ce qu'un fleuve ?
2° Qu'est-ce qu'une rivière ?
3° Qu'est-ce qu'un ruisseau ?
4° Qu'appelle-t-on rive droite ou gauche d'un cours d'eau ?
5° Qu'est-ce que la source ?
6° Qu'appelez-vous embouchure ?
7° Qu'entendez-vous par « confluent » ?
8° Combien compte-t-on de fleuves en Haïti ?

9° Quel est le cours de la Neyba?
10° Quel est le fleuve qui traverse la plaine de San-Yago?
11° Quel est celui qui court vers le nord et a son embouchure dans le département de Cibao?
12° Décrivez-nous le cours de l'Artibonite.
13° Quelle particularité distingue ce dernier fleuve?
14° Quel est le cours de l'Ozama, et quelle ville s'élève sur ses bords?
15° Haïti n'est-elle pas arrosée par d'autres cours d'eau?

FIN DE LA PREMIÈRE PARTIE.

DEUXIÈME PARTIE

VILLES ET LIEUX REMARQUABLES

CHAPITRE PREMIER

DÉPARTEMENT DE L'OUEST.

Le département de l'Ouest est divisé en quatre arrondissements :

1° L'arrondissement du Port-au-Prince a pour chef-lieu la ville du Port-au-Prince, et renferme la ville de Pétion, les bourgs de la Croix-des-Bouquets et de l'Arcahaie.

2° L'arrondissement de Jacmel a pour chef-lieu la ville de Jacmel, et renferme les bourgs de Baynet, des Côtes-de-Fer, de Marigot, de Sal-Trou et des Cayes de Jacmel.

3° L'arrondissement de Léogane a pour chef-lieu la ville de Léogane, et renferme la ville du Petit-Goâve, les bourgs du Grand-Goâve et du Cul-de-Sac de Léogane.

4° L'arrondissement de Mirebalais a pour chef-lieu la ville de Mirebalais, et renferme le bourg de Las-Cahobas.

Port-au-Prince. — Cette ville, capitale de la république d'Haïti, est située au fond d'une grande baie du même nom; elle est placée dans une situation malsaine; elle a un bon port, défendu par plusieurs forts.

Sa situation, qui offre la faculté de communiquer avec toutes les provinces de l'île, et sa proximité de la belle plaine du Cul-de-Sac, dont les produits alimentent le commerce, furent les motifs de la préférence qui lui fut accordée autrefois sur la ville du Cap, malgré la situation prospère de cette dernière.

Sa longueur, de l'un à l'autre portail de la rue Républicaine ou Grande Rue, est de 1,200 toises, sur environ un quart de lieue de largeur, comprenant une surface de 458,000 toises carrées, divisée en 101 îlets inégaux, non compris les places et les édifices publics. Toutes les rues sont percées du nord au sud et de l'est à l'ouest : il en est deux qui vont, l'une au nord-ouest, et l'autre au sud-ouest. Ces rues, larges de 60 à 70 pieds, ont des ruisseaux pavés de chaque côté, pour l'écoulement des eaux pluviales et celle des fontaines qui coulent dans quelques-unes des rues percées de l'est à l'ouest. Le milieu de toutes ces rues devrait être bombé, afin de faciliter l'égout des eaux; mais c'est encore à désirer pour la plupart d'entre elles, qui sont assez mal entretenues.

Dans cette ville il y a plusieurs places publiques : on y remarque le palais national, qui fait la demeure de S. Exc. le président d'Haïti. C'est un bel édifice ; il est situé à l'est de la place d'armes, où le tombeau d'Alexandre Pétion est ombragé par l'arbre de la liberté : c'est ce qui lui a fait donner le nom de place Pétion. Les casernes de la garde du président d'Haïti sont tout auprès, mais au nord. Les autres places publiques les plus importantes sont celles de l'Intendance ou de l'Église, de la Vallière et du Cimetière. Plusieurs fontaines donnent de l'eau dans les deux premières, ainsi qu'aux bâtiments de la rade marchande, aux prisons, à l'hôpital militaire et au palais national. Un abreuvoir, dont la capacité est de 2,690 barriques, fournit de grandes commodités aux personnes qui entretiennent des chevaux en ville. Il y a encore une place d'armes ou champ de Mars, d'une vaste étendue, qui est située à l'est de la ville, hors de son enceinte. Enfin, différents édifices publics embellissent cette ville, tels que les prisons, l'hôpital militaire, l'arsenal, le collége Geffrard, l'école lancastérienne, la secrétairerie d'État, l'hôtel des monnaies, la cour des comptes, l'administration principale, le trésor, les tribunaux, la douane, etc., etc., qui sont distribués dans la vaste enceinte de cette capitale, où siége le gouvernement.

Les environs du Port-au-Prince offrent beaucoup d'agréments dans les maisons de plaisance qui y sont bâties; dans son port les navires sont en sûreté, excepté contre les vents du sud; le grand débouché qu'y trouve le commerce étranger, par une nombreuse population qui consomme beaucoup, concourt à rendre cette ville très-importante, sous tous les rapports. Le Port-au-Prince fait un commerce considérable avec presque tous les peuples de l'Europe. On voit constamment flotter dans sa rade les pavillons anglais, français, espagnols, suédois, russes, danois, prussiens, hollandais, américains, etc., etc.

Cette ville a été le théâtre de grands événements dans le cours de notre Révolution : l'immortel Alexandre Pétion, le président Boyer, et une foule d'autres citoyens, qui se sont illustrés en servant leur pays, y sont nés. Les entrailles de Pétion ont été enterrées au fort qui domine la ville et qui s'appelle le fort *Alexandre*. Le corps de son ami, le brave Lys, a aussi trouvé un tombeau dans ce fort, qu'il avait défendu en 1812 contre les troupes de Christophe. Les entrailles de Lamarre les corps d'Eveillard, de Bazelais, de Thomas, de Juste Chanlatte, de Benjamin Noël, et ceux de plusieurs autres officiers supérieurs décédés au Port-au-Prince, reposent dans les autres fortifications qui en forment la ligne de défense.

Le brave *Coutilien Coustard,* mort le 1er janvier 1807, à Sibert, pour avoir sauvé la vie d'Alexandre Pétion, est enterré dans le cimetière de cette ville. Le temps a déjà rongé en partie la pierre sépulcrale où est gravée l'épitaphe de cet illustre héros.

Croix-des-Bouquets. — Ce bourg est situé à peu près au centre de la plaine du Cul-de-Sac; il devint le lieu remarquable de la réunion des hommes de couleur, qui, sous la conduite de Pinchinat, de Beauvais, de Lambert, etc., prirent les armes pour conquérir les droits que l'orgueil colonial leur disputa si longtemps.

Dans la commune de la Croix-des-Bouquets se trouvent des sources d'eaux thermales, connues sous le nom de *sources puantes*, qui ont quelquefois guéri des maladies jugées incurables; elles sont sur la route de ce bourg et du Port-au-Prince à l'Arcahaie.

JACMEL, à 22 lieues sud-ouest du Port-au-Prince, chef-lieu de l'arrondissement de Jacmel, est divisée en haute et basse ville; elle a d'assez belles maisons bâties à étages, principalement dans la basse ville.

Tandis que dans le bas on respire un air chaud et étouffé, dans le haut de la ville l'air est pur et la température douce : on l'appelle *Bel-Air* pour cette raison, et parce qu'on y jouit aussi d'une vue très-agréable sur la mer et la campagne. Les rues de cette ville sont étroites, et elles ont le désagrément de l'inégalité de son sol. A l'ouest, est la Grande-Rivière, qui a son embouchure dans la baie de Jacmel : elle procure de l'eau aux habitants de la ville, qui n'a point de fontaines. Depuis 1875, une fontaine monumentale est érigée à Bel-Air, place du Marché-de l'Église, et douze bornes-fontaines dans les différents quartiers de la ville; l'eau à domicile est distribuée à toutes les maisons et aux édifices publics. La baie est exposée aux vents du sud, qui y occasionnent souvent la perte des navires qu'ils y surprennent, et qui ordinairement ne la fréquentent que peu pendant l'hivernage; la mer vient toujours se briser avec force contre le rivage.

Le quartier de Jacmel est remarquable par la grande fertilité de son sol, la grande abondance de ses récoltes de café, et le commerce qu'il entretient avec l'étranger, qui trouve une grande consommation de ses marchandises, par la nombreuse population de cet arrondissement.

Sa position géographique et commerciale lui donne une grande importance sous le rapport politique, et lui donne le droit de disputer au *Môle Saint-Nicolas* le titre de *Gibraltar d'Haïti.* Enfin, il est impossible de parler de Jacmel sans se procurer le plaisir de dire que les habitants de cette ville se font remarquer par leur urbanité et par l'hospitalité qui règne chez eux.

Les communications de Jacmel avec la capitale ont lieu par plusieurs routes qui permettent, même aux fantassins, de s'y rendre dans la même journée.

Jacmel est aussi remarquable par le siége fameux qu'il a soutenu dans la guerre civile entre *Toussaint* et *Rigaud :* sa défense et l'évacuation qui eut lieu à travers les forces considérables qui entouraient la place, font honneur aux talents militaires et au courage héroïque d'A. Pétion, qui y commandait.

Cette ville a un palais national, un hôpital militaire, des écoles pour la jeunesse, un lycée communal sous la dénomination de « Lycée Pinchinat », etc.

« Cette ville a été le théâtre d'une scène de désolation sans exemple dans ses annales, et dont le souvenir nous sera toujours pénible. Depuis le dimanche 18 mai, la pluie tombait avec abondance, presque sans interruption; dans l'après-midi du 21, il semblait que toutes les cataractes du ciel, comme au temps du déluge (en me servant de l'expression de l'histoire sacrée), s'ouvraient pour inonder notre malheureuse ville. Alors on vit, vers les six heures du soir, la petite rivière des Orangers, qui traverse une partie de la ville dans la direction du nord-ouest au sud-ouest, sortir subitement de son lit, qui ne pouvait plus la contenir, déboucher au bout de la rue du portail de la Gosseline, et y descendre comme la lave d'un volcan, emportant dans son impétuosité tout ce qui se trouvait sur son passage.

« Les habitants des maisons sur la façade ouest du quartier, ayant à dos le lit de cette rivière qui débordait, n'eurent pas le temps de sortir de chez eux, et furent ainsi entourés de deux formidables courants qui menaçaient de les emporter, eux et leurs maisons.

« L'eau, en arrivant sur la petite place du Marché à l'angle de la Grande Rue, déborda et forma un courant vers le portail de Léogane, puis enleva, comme le vent le ferait d'une paille, la maison de madame veuve Noël Boudet, située entre celles de MM. Morel et Edgard Nelson, et se trouvant le plus directement sur son passage. La rivière se fit là une large issue, par laquelle elle se répandit dans tous les sens avec un horrible fracas.

« Ce fut surtout vers le sud que se porta le principal courant, qui envahit la Grande Rue, en inondant toutes les maisons qui résistaient à ses flots impétueux. On comptait là jusqu'à dix pieds d'eau. Inutile de dire que tout ce qui se trouvait dans ces maisons fut enlevé, perdu.

« Tous les habitants de ces quartiers n'avaient à songer qu'à avoir la vie sauve. Un grand nombre d'animaux domestiques furent noyés. Il y a eu en tout trente-six maisons d'enlevées (la plupart petites); outre les maisons enlevées, il y en a eu beaucoup d'autres abîmées sur tout le cours de l'inondation. La perte matérielle peut être évaluée à plusieurs centaines de mille gourdes ; mais la perte irréparable et la plus sensible est celle de cinq personnes (madame veuve Xavier Bernard, qui a été trouvée à quatre heures du matin, encore vivante, horriblement mutilée, dans les décombres de la maison qu'elle habitait, vers l'embouchure de la rivière des Orangers : — elle tenait encore une enfant morte entre ses jambes; cette infortunée dame a expiré vingt-quatre heures après, dans d'affreuses souffrances; les trois autres victimes n'ont pas été retrouvées). Dans ce moment de conflagration, nous admirons l'héroïsme de l'amour maternel dans une femme nommée Yègue, du quartier des Orangers; elle pouvait se sauver, on venait à son secours, on lui disait qu'elle serait emportée par les eaux. Mais ce fut en vain; elle est allée se jeter sur un lit où était couchée sa fille malade avec une enfant à la mamelle, en jurant de mourir avec elles; un moment après, la maison est emportée : — la mère, la fille et l'enfant ont disparu!

« On aura une idée de la masse et de l'impétuosité de l'eau qui a envahi la ville, si l'on se rappelle que la maison qu'habitait madame veuve Noël Boudet, dans la Grande Rue, fut enlevée si rapidement que cette dame, qui était montée au grenier avec deux enfants, ne s'était pas aperçue que sa maison avait été arrachée du sol et qu'elle s'en allait au gré du courant. A une centaine de toises de là, cette maison alla donner contre d'autres, qui l'arrêtèrent; ce fut alors que cette dame, s'apercevant de sa position déplorable, appela à son secours mesdames Edgard Nelson et Subran, ses voisines de la Grande Rue! Quelques personnes qui heureusement entendirent ses cris, purent enfin la sauver. Dans les débris de la maison de M. Dorismond Domond, qui a été emportée par le courant, on a retiré le lendemain matin un petit garçon qui était dans la maison au moment où elle a été arrachée du sol. Dieu soit loué et béni! ce petit garçon est encore vivant; en ce moment il est en santé.

« O désastre affreux! le tocsin d'alarme retentit, et l'on voit les jeunes gens de la ville et quelques pères de famille, au nombre d'une centaine, qui s'étaient déjà rendus sur le lieu, et qui s'apprêtaient à sauver les malheureux habitants de ces quartiers. Mais, hélas! c'est en vain que ces jeunes gens, dont l'intrépidité et le courage sont au-dessus de tout éloge, courent au rivage et reviennent avec des canots, qu'ils jettent dans la Grande Rue, où l'eau était montée jusqu'à dix pieds; la rapidité, l'impétuosité avec laquelle viennent les avalaisons, ne permet point de les refouler: il faut ou gagner les greniers ou se jeter à la nage. Des cris partis de tous les coins brisent les cœurs les plus insensibles : ici, c'est une mère éplorée qui cherche son enfant ; là, c'est un enfant grelottant, qui bégaye le nom de sa mère. La désolation est à son comble et partout !

« Encore un fait miraculeux : M. Labouère avait un cheval sur son habitation (Bassin-Caïman) à 1 quart de lieue de la ville, sur le chemin du Port-au-Prince ; ce cheval avait disparu dans la nuit du 21. Le surlendemain, à dix heures du matin, on l'a retrouvé vivant au milieu de la mer, sur un récif, à la hauteur de l'habitation Gabet (près de La-Table), sur le grand chemin qui conduit au Marigot.

« Tels sont les épisodes les plus remarquables de ce grand événement, arrivé dans notre ville le 21 mai 1856.

« Enfin, le lendemain de cette lamentable catastrophe, les quartiers inondés offraient aux regards attristés et consternés le tableau le plus déchirant ! » — *Extrait de la feuille du Commerce et des Tribunaux.*

Côtes-de-Fer est une bourgade située sur la route de Bainet à Aquin près de la rivière de ce nom, donné à cause des roches qui garnissent ses côtes ; c'est la rivière des Côtes-de-Fer qui sert de limite entre les départements de l'Ouest et du Sud.

LÉOGANE, chef-lieu d'arrondissement. Cette ville est à 1,200 toises de la mer. Elle fut le siége du gouvernement colonial durant plusieurs années, et jusqu'à ce qu'il fût transporté au Port-au-Prince, devenu la capitale de la colonie. Elle a la forme d'un carré long, dont les deux grands côtés ont 400 toises et les deux petits 320 toises : 15 rues, et plusieurs îlets. Elles ne sont point pavées ; mais le sol sablonneux de cette ville égoutte les eaux pluviales ; en d'autres elles stagnent.

Larnage, le plus habile et le plus vertueux gouverneur de l'ancienne colonie, a été enterré à l'église de Léogane, en 1746. Cette église a été détruite par l'incendie survenu à l'invasion française en 1802, et l'on en a rebâti une autre dans la même place.

Cette ville renferme aussi les dépouilles mortelles du brave général *A. Gédéon,* mort en 1827, et de *Marc Borno,* qui fut un des premiers à prendre les armes contre les colons.

La plaine de Léogane produit du sirop, du tafia, pour la consommation intérieure; ses cantons montagneux produisent beaucoup de café, qui trouve un débouché facile au Port-au-Prince.

La rade de Léogane, où se trouve l'embarcadère du bourg *Ça-Ira,* du nom du fort qui y a été construit, est foraine, et n'offre point d'abri aux bâtiments. La première habitation sucrerie de la ci-devant partie française est celle connue sous le nom de *Deslandes.*

La température de cette commune est douce, et l'air fort sain.

C'est au *Grand-Goâve* que commença la fatale guerre civile entre *Toussaint* et *Rigaud.* L'assemblée de révision s'y réunit en 1816 pour reviser la constitution de la République.

C'est au *Petit-Goâve* que le vertueux *Ferrand de Baudières* y périt, victime des colons, pour avoir rédigé une pétition pour les hommes de couleur, par laquelle ceux-ci demandaient à jouir des droits politiques. Cette ville a été aussi le théâtre de la valeur de *Lamarre,* lorsqu'en 1803 il en chassa les Français.

On trouve dans les hauteurs du Petit-Goâve, au haut d'une montagne, vers le canton des Palmes, un étang d'une lieue et demie de circuit : on y prend du poisson d'eau douce. On prétend qu'il y avait dans cette ville un *tamarinier* qui produisait des semences anthropomorphites, imitant d'une manière très-frappante une tête d'homme vue de profil.

MIREBALAIS. — Chef-lieu de l'arrondissement; ce bourg,

qui porte le nom d'un quartier assez étendu, est établi sur un plateau qui est une espèce de presqu'île, formée par la rivière de l'Artibonite, qui passe au côté nord, et par les rivières de la Tumbe et du Bourg. Le nom de Mirebalais a été donné à ce bourg par des colons, qui y trouvèrent de la ressemblance avec un canton du Poitou en France. La plaine de ce quartier est très-propre aux bestiaux, qu'on y élève en quantité. Le quartier du Mirebalais a toujours été considéré comme un lieu très-important, sous le rapport de la défense militaire, contre un ennemi dont l'invasion y pénétrerait. *Moreau de Saint-Méry* dit que, « enveloppé de montagnes et environné de défilés, le Mirebalais peut servir de dernière ressource, et l'homme de génie en ferait un champ de gloire ».

Le Port-au-Prince est le débouché naturel des denrées du Mirebalais, par la route du Trianon, où le génie militaire d'A. Pétion avait tracé une ligne de défense que Christophe n'osa jamais attaquer, après que l'honorable général Benjamin Noël eut secoué le joug de ce tyran pour se soumettre à la République en 1812, en refusant de servir d'instrument à sa férocité.

Le climat du Mirebalais est très-sain, quoique la température en général y soit sèche. On trouve des sources d'eaux thermales à la limite du Mirebalais et de la Petite-Rivière de l'Artibonite, sur la rive droite de ce fleuve, près d'une grotte dont l'entrée est de 100 pieds de largeur, et qui est fort étendue; et ensuite à la ravine Chaude, ainsi appelée à cause de la chaleur de ses eaux.

EXERCICES.

1° Quel est le chef-lieu du département de l'Ouest?
2° En combien d'arrondissements est-il divisé?
3° Nommez les arrondissements.

4° Quels sont les arrondissements que renferme Port-au-Prince?
5° Et Jacmel? Et Léogane? Et Mirebalais?
6° En quoi Port-au-Prince est-il remarquable?
7° Dans quel arrondissement est le bourg de Bainet?
8° Quel événement remarquable est arrivé au Port-au-Prince?
9° En quoi Léogane est-il remarquable? Et Mirebalais? Et le Petit-Goâve?
10° Donnez-nous des détails du Mirebalais.
11° Pourquoi Ferrand de Baudières périt-il victime au Petit-Goâve?
12° Faites-nous savoir quelque chose de la ville de Jacmel.
13° Quelle est la limite du département du Sud et de celui de l'Ouest?
14° Où est enterré Coutilien Coustard?

CHAPITRE II

DÉPARTEMENT DU SUD.

Le département du Sud est divisé en cinq arrondissements :

1° L'arrondissement des Cayes a pour chef-lieu la ville des Cayes, et renferme les bourgs du Port-Salut, des Coteaux, de Torbec, de la Roche-à-Bateaux, des Anglais et du Port-à-Piment.

2° L'arrondissement de Jérémie a pour chef-lieu la ville de Jérémie, et renferme les bourgs des Abricots, du Corail, du Petit-Trou, du Trou-Bonbon, de l'Anse-de-Blec et de Pestel.

3° L'arrondissement d'Aquin a pour chef-lieu la ville

d'Aquin, et renferme les bourgs de Saint-Louis et de Cavaillon.

4° L'arrondissement de l'Anse-d'Eynauld a pour chef-lieu le bourg de l'Anse-d'Eynauld, et renferme les bourgs de Tiburon, de Dalmarie, des Irois, de la Petite-Rivière de Dalmarie.

5° L'arrondissement de l'Anse-à-Veau a pour chef-lieu le bourg de l'Anse-à-Veau, et renferme la ville de Miragoâne, les bourgs du Petit-Trou, de l'Asile des Baradères et de Saint-Michel.

Les Cayes, chef-lieu du département du Sud, sont situées dans une vaste plaine à laquelle elles ont donné leur nom. L'entrée de cette ville par terre est magnifique : une chaussée, longue d'environ 800 toises, bordée de fossés qui servent à l'égout des eaux, très-abondantes dans les environs de la ville, conduit du lieu appelé *les Quatre-Chemins* (carrefour, où se rencontrent quatre grandes routes) au pont placé à son entrée. Les terrains des deux côtés de la chaussée sont élégamment bâtis, et de superbes jardins embellissent les maisons, qui offrent ainsi, à la proximité de la ville, les agréments d'un séjour champêtre. La fontaine construite sur la place du Marché a été achevée depuis d'assez longues années; d'autres, moins grandes, donnent de l'eau à l'hôpital, à l'arsenal et aux bâtiments de la rade. Toutes ces améliorations sont dues aux soins du général Marion, commandant de l'arrondissement, décédé aux Cayes le 20 novembre 1831, et enterré à l'église.

L'air de cette ville est assez malsain, à cause des eaux qui l'environnent de toutes parts, et qu'on trouve à peu de profondeur.

Il y a dans la plaine à Jacob, voisine des Cayes, une mine de fer. Des poteries y sont établies, et fournissent des vases qui entretiennent l'eau très-fraîche. On y cultive la canne à sucre, avec laquelle on fabrique du sirop et beaucoup de rhum et de tafia : le café, les vivres du pays, et autres denrées, sont aussi des productions de cet arrondissement.

La ville des Cayes renferme les restes de plusieurs citoyens qui se sont rendus célèbres, tels que les Augé, les Geffrard, les Rigaud, et Wagnac. André Rigaud a été enterré à l'église, et les autres sur la place d'Armes. En 1816, ses habitants exercèrent une généreuse hospitalité envers les Colombiens qui avaient fui leur patrie, et parmi lesquels se trouvait le célèbre Bolivar, qui prépara aux Cayes, par la protection de Pétion, l'expédition dont le succès amena la ruine de la puissance espagnole dans l'Amérique méridionale.

JÉRÉMIE est située à la chute d'une montagne, dans une position agréable par son élévation. L'air y est pur et sain, et la température très-douce. Jérémie est divisée en haute et basse ville; la première a la forme d'un carré long, et la basse ville suit la forme de l'anse où se trouve le port. Ce port n'offre aucun abri contre les vents du nord qui règnent une grande partie de l'année sur les côtes de la Grande-Anse; et de fréquents ras de marée viennent ajouter aux dangers que courent les vaisseaux. La Grande-Rivière, qui a son embouchure à 900 toises de la ville, est l'une des plus considérables du pays; elle a environ 25 lieues de cours à partir des montagnes de la Cahouane, qui font partie de la chaîne de la Hotte, où elle prend sa source : une infinité de ruisseaux et d'autres rivières grossissent ses eaux. Aussi, rien n'est plus agréable que la vue pittoresque du canton de la Grande-Rivière, prise, soit de l'habitation Breteuil ou du fort Marfranc. Les grottes, les cavernes, les entonnoirs, les masses montueuses, que l'on trouve dans cet arrondissement, tout annonce que de grands phénomènes y ont eu lieu.

L'arrondissement de Jérémie souffrit étonnamment des désastreux effets de la révolte de *Goman*, qui y occasionna le brigandage pendant près de quatorze ans. On doit la fin de cette révolte, d'abord à la douceur de l'administration de feu le général Bazelais, à qui Pétion confia le commandement des arrondissements de Jérémie et de Tiburon, et qui obtint la soumission de plusieurs chefs des révoltés; et ensuite à la ferme volonté de Boyer (alors président), qui en décida l'extinction.

Jérémie renferme les restes de Férou, l'un des signataires de l'acte d'indépendance, enterré au fort Marfranc, et de Blanchet jeune, président de l'Assemblée constituante, enterré sur la place d'Armes ; ainsi que H. Fery, qui fut commandant de place.

Le bourg des Abricots, situé sur la route de Jérémie à Tiburon, tire son nom de la prodigieuse quantité d'abricotiers qu'on y trouva. Moreau de Saint-Méry rapporte qu'une opinion religieuse des Indiens, naturels de l'île, avait placé dans ce lieu le paradis où les âmes des hommes justes et bons venaient se nourrir du fruit du mameys ou abricotier. Mais comme le mancenillier y croît aussi, ces insulaires pensaient que l'âme du méchant se nourrissait de son suc vénéneux. Ainsi, la croyance de l'immortalité de l'âme a été partagée par ces enfants de la nature. Dans toutes les contrées, dans tous les temps, les hommes les plus simples et les moins civilisés ont donc toujours associé cette consolante idée à la croyance d'un Dieu juste et éternel !

AQUIN, chef-lieu d'arrondissement, est située très-avantageusement à quinze lieues de la ville des Cayes ; elle possède un bon port, protégé contre tous les vents par divers ilets.

Christophe Colomb mouilla dans le port d'Aquin en 1494 : les naturels du pays appelaient ce lieu Yaquimo.

Alphonse Odeja et Améric Vespuce, ces heureux usurpateurs, y vinrent aussi le 5 septembre 1499, après leur fameuse expédition qui enleva à Colomb l'honneur de donner son nom au nouveau monde qu'il avait découvert.

La commune d'Aquin est réputée pour ses moutons et ses huîtres, qui sont les meilleures du pays. Sur les côtes d'Aquin se trouve un étang appelé *étang-salé,* qui a une lieue de longueur sur une demi-lieue de largeur moyenne. La commune d'Aquin a vu naître *Julien Raimond,* homme de couleur, qui présenta en France, en 1785, des mémoires au maréchal de *Castries,* ministre de la Marine et des Colonies, pour obtenir l'égalité des droits politiques entre les affranchis de Saint-Domingue et les blancs. Ce même citoyen faillit devenir la victime de Page et Brulley sous la Convention, mais il devint ensuite membre de la commission civile dont Sonthonax était le chef en 1796. Monbrun, qui devint général en ce pays et en France, y est aussi né. Aquin renferme les restes des généraux Vaval et Francisque.

L'ANSE-D'EYNAULD, chef-lieu d'arrondissement. — Ce bourg est situé à l'anse qui portait le nom d'un colon dont l'habitation était dans le voisinage.

La commune qui en dépend fournit beaucoup de café et de cacao.

La Petite-Rivière de Dalmarie est un bourg situé sur les bords d'une petite rivière ; il est dans l'arrondissement de l'Anse-d'Eynauld. C'est là que s'est passé, en 1820, une action touchante que le pinceau du citoyen Déjoie, du Cap-Haïtien, a reproduite dans le tableau qui se trouvait au palais national du Port-au-Prince : le *Pardon accordé au fils de Gomman par le président Boyer.*

L'ANSE-A-VEAU. — L'établissement de ce bourg remonte à plus d'un siècle : son nom lui a été donné à cause du Morne-à-Veau sur lequel on l'a établi. L'air y est pur et sain ; le sol est chargé de fer ; et l'on y trouve aussi une pierre qui a du brillant, et qui coupe le verre comme le diamant.

Ce bourg correspond au point le plus occidental de la Gonâve.

EXERCICES.

1° Quel est le chef-lieu du département du Sud?
2° En combien d'arrondissements est-il divisé ?
3° Nommez les arrondissements.
4° Quelles sont les villes qu'ils renferment?
5° Faites-nous savoir quelques faits remarquables arrivés aux Cayes.
6° Donnez-nous quelques détails d'Aquin.
7° De Jérémie. De l'Anse-d'Eynauld. De l'Anse-à-Veau.
8° Qui était Julien Raimond, et dans quelle ville est-il né?
9° Que rapporte Moreau de Saint-Méry, au sujet du bourg des Abricots?

CHAPITRE III

DÉPARTEMENT DE L'ARTIBONITE.

Le département de l'Artibonite est divisé en deux arrondissements :

1° L'arrondissement des Gonaïves a pour chef-lieu la ville des Gonaïves.

2° L'arrondissement de Saint-Marc a pour chef-lieu la ville de Saint-Marc, et renferme les bourgs de la Petite-Rivière de l'Artibonite et des Vérettes.

GONAÏVES. — Cette ville, quoique dans un terrain ma ré cageux, possède un bon port, bien défendu. Les salines qui sont dans ses environs sont d'une grande utilité.

C'est dans ce port que les Français embarquèrent le général Toussaint Louverture, sur le vaisseau *le Héros,* pour être conduit en France, où il mourut; c'est aussi dans cette ville que fut solennellement proclamé l'acte souverain de l'indépendance du peuple haïtien, par les héros qui venaient de faire cette précieuse conquête. Dans la guerre civile allumée par Christophe, la valeur de Lamarre se montra par une heureuse tentative contre les Gonaïves, qu'il enleva à l'ennemi, presque sans coup férir.

SAINT-MARC est une ville fort agréable et bien fortifiée ; mais tout en admirant ses remparts, on regrette d'apprendre qu'ils ont été élevés par la tyrannie et cimentés par la sueur et le sang. Elle a 500 toises de longueur du nord au sud, sur environ 240 toises de l'est à l'ouest. Cette surface, divisée par quatre rues qui courent du nord au sud, et que dix autres rues coupent à angle droit, forme 32 ilets. Ces rues ont communément 48 pieds de largeur : il en est de 60, et les moindres en ont 30. La pierre de taille qu'on trouve dans le voisinage en avait fait construire la plupart des maisons en pierres ; elles étaient très-belles, surtout celle connue sous le nom de *Saint-Macary*.

Les environs de cette ville sont très-agréables, par les plantations qui la bordent. La rade foraine n'offre pas de sûreté aux bâtiments, mais sa baie est une des plus vastes de l'île. L'air de la ville est fort sain ; les deux rivières qui y coulent contribuent à cet heureux effet.

C'est à Saint-Marc que s'établit la fameuse assemblée coloniale qui, ayant manifesté des prétentions trop élevées, fut dissoute par le gouvernement colonial. Pierre Pinchinat, dont le génie influa si puissamment sur la destinée de ses frères, est né dans cette commune. Il mourut en France, à Sainte-Pélagie, emprisonné par ordre de Bonaparte sur la réclamation de Rochambeau. Le riz et les volailles de cette plaine sont très-recherchés, et les huîtres de Saint-Marc fort goûtées.

EXERCICES.

1° Quel est le chef-lieu du département de l'Artibonite ?
2° Donnez quelques détails de la ville des Gonaïves.
3° Comment et en combien d'arrondissements est divisé le département de l'Artibonite ?
4° Dans quel port Toussaint Louverture fut-il embarqué ?
5° Qu'y a-t-il de remarquable dans la ville de Saint-Marc ?
6° Donnez-nous quelques détails de la ville de Saint-Marc.
7° Comment est divisée cette ville ?
8° Comment est l'air de cette ville ?

CHAPITRE IV

DÉPARTEMENT DU NORD.

Le département du Nord est divisé en huit arrondissements :

1° L'arrondissement du Cap-Haïtien a pour chef-lieu la ville du Cap, et renferme les bourgs de la Petite-Anse et de l'Acul-du-Nord, le quartier Morin, les communes de la plaine du Nord, de Milot ou Sans-Souci, et de Limonade.

2° L'arrondissement du Môle Saint-Nicolas a pour chef-lieu la ville du Môle, et renferme les bourgs d'Ennery, du Gros-Morne, de Terre-Neuve, de Marchand et de Bombardopolis.

3° L'arrondissement du Port-de-Paix a pour chef-lieu la ville du Port-de-Paix, et renferme les bourgs de Saint-Louis du Nord et de Jean-Rabel.

4° L'arrondissement de la Marmelade a pour chef-lieu le bourg de la Marmelade, et renferme les bourgs de Hinche et de Saint-Michel de l'Atalaye.

5° L'arrondissement de la Grande-Rivière a pour chef-lieu le bourg de la Grande-Rivière, et renferme les bourgs de Dondon, de la Vallière, de Saint-Raphaël et de Sainte-Suzanne.

6° L'arrondissement du Borgne a pour chef-lieu le bourg du Borgne, et renferme le bourg du Port-Margot.

7° L'arrondissement de Plaisance a pour chef-lieu Plaisance, et renferme le bourg de Limbé.

8° L'arrondissement du Fort-Liberté a pour chef-lieu la ville de Fort-Liberté, et renferme le bourg de Ouanaminthe, les quartiers de Jean-Jacquezi, de Daxavon, et la commune du Terrier-Rouge.

CAP-HAÏTIEN. — Cette ville était appelée autrefois Paris de Saint-Domingue, à cause de sa splendeur : elle fut longtemps désignée par les Espagnols sous le nom de Guarico, et les Français en firent le Cap-Français. Lorsque Henri Christophe eut imaginé de se couronner roi, il la nomma Cap-Henry. Cette dénomination a cessé avec son règne tyrannique, et elle a pris celle qu'elle porte aujourd'hui. On y comptait autrefois six fontaines publiques, non compris celles des prisons, des casernes, de l'ancien couvent des jésuites et de celui des religieux. Huit places, bien entretenues, offraient chacune leur agrément et leur utilité. Tous les édifices publics de cette ville étaient supérieurs à ceux des autres lieux du pays ; l'église surtout, achevée en 1774, était remarquable par l'élégance de son frontispice, d'une architecture pleine de goût. Cette ville surpassait le Port-au-Prince, par la situation avantageuse de son port pour le commerce étranger, mais aujourd'hui le Cap-Haïtien n'offre qu'un amas de ruines ; elle est presque détruite par le tremblement de terre arrivé en 1842. Le temps seul amènera une restauration qu'attend le patriotisme des citoyens. Cette ville a la forme d'un carré long, 1,200 toises dans sa plus grande longueur, et 600 toises de largeur. Les rues sont pavées et tirées au cordeau, et se coupent à angle droit du nord au sud et de l'est à l'ouest ; elles ont en généra 24 pieds de largeur.

Le port du Cap-Haïtien peut contenir une grande flotte ; on y a vu jusqu'à 600 bâtiments de toutes dimensions. Mais l'entrée de cette rade est difficile ; le secours du pilote doit être toujours accepté.

La température de cette ville est chaude ; les environs offrent des promenades fort agréables.

La ville du Cap est remarquable par les grands événements qui s'y sont passés durant la Révolution. Lacombe, Vincent Ogé, Jean-Baptiste Chavannes, y périrent, martyrs de la plus sainte cause : Lacombe, pour avoir réclamé les droits civils et politiques des hommes de couleur ; Ogé et Chavannes, pour avoir demandé l'exécution du décret qui accordait des droits civils et politiques aux affranchis.

C'est au Cap que Sonthonax proclama la liberté générale, le 31 août 1793.

On voit encore à Milot le palals du roi Henry Ier, composé de plusieurs pièces dont l'architecture est assez élégante ; ainsi que le fameux *caïmitier*, sous lequel il rendait ses arrêts de mort.

Des casernes pour ses gardes étaient bâties sur la route de Milot à la citadelle Laferrière. Cette forteresse est située sur la chaîne d'une montagne appelée anciennement le Bonnet-à-l'Évêque, dont l'élévation est cause qu'on l'aperçoit d'assez loin en mer, en sortant de Puerto-Plata pour aller au Cap-Haïtien. Un assez grand logement est établi dans l'intérieur de la citadelle. Christophe y avait placé ses trésors, ses archives et d'autres objets précieux, des armes et des munitions : il y a été enterré par les soins de sa famille ; un hamac, employé au transport de son cadavre depuis Sans-Souci, lui a servi de linceul. L'édification de cette forteresse a coûté la vie à des milliers d'hommes et de femmes, qui y travaillaient ; mais les ordres inhumains de ce roi ont fait mourir d'autres personnes, dans les noirs cachots qu'elle renferme.

Enfin, on ne peut prononcer le nom de *Sans-Souci* et de *Laferrière* sans penser avec horreur que la construction de ces édifices a fait plus de victimes qu'ils n'en pourraient contenir.

C'est dans l'église de Limonade que Christophe fut frappé d'apoplexie, le 15 août 1820, pendant l'office divin.

MÔLE SAINT-NICOLAS, quoique moins considérable que le Port-au-Prince et le Cap, est le premier port de l'île pour la sûreté en temps de guerre. C'est dans cette ville que Christophe Colomb débarqua, le jour de la Saint-Nicolas, et c'est de là qu'il tire son nom.

Ce fut le premier lieu que ce grand navigateur connut dans cette île; il y avait été dirigé par les insulaires de Cuba, qui lui avaient dit qu'à l'est de leur pays il en trouverait un autre, qui lui fournirait abondamment de l'or que ses compagnons de voyage cherchaient avec tant d'avidité. Ainsi l'on peut dire, avec Moreau de Saint-Méry, que c'est le Môle Saint-Nicolas qui a reçu l'empreinte des premiers pas que les Européens ont faits dans l'île d'Haïti.

La haute importance maritime de cette ville l'avait fait surnommer le *Gibraltar du nouveau monde.*

L'intrépide Lamarre, le courageux Eveillard, et une foule d'autres héros, y trouvèrent leur tombeau ; plus heureux par leur mort glorieuse que le brave et infortuné Toussaint, qui essuya toute la cruauté de Christophe.

La presqu'île couvre le port et la baie du Môle au Nord, et le Cap-à-Foux au sud; les bâtiments y sont toujours en sûreté. Le sol de cette commune est d'une aridité qui repousse le cultivateur; il produit cependant d'excellents raisins, et des figues très-savoureuses. La rivière du Môle, qui procure de l'eau à toutes les maisons de la ville, en rend l'air fort sain. La baie est à 25 lieues du sud-est, 1 quart d'est de la pointe Maizy de l'île de Cuba.

Bombardopolis est placé à 5 lieues de la ville du Môle Saint-Nicolas; il tire son nom de celui d'un homme qui fut le bienfaiteur du fondateur de ce bourg, qui a trouvé ainsi le moyen d'éterniser sa reconnaissance. Il fut la demeure des Allemands, amenés en ce pays, et dont on voit encore beaucoup des descendants. Ce bourg est situé dans une grande plaine, très-fraîche, parce qu'elle est élevée au-dessus de la mer. L'air y est pur, vif et sain.

Port-de-Paix. — Quoique cette ville soit maintenant peu considérable, elle fut le second établissement que les flibustiers français firent sur la grande terre; et ils nommèrent ce port du nom de Port-de-Paix, sans doute parce qu'ils y trouvèrent la paix.

Ce lieu fut visité par C. Colomb en 1492, et fut nommé *Valparayso (vallée de délices)*. C'est là que le vaillant Rébecca secoua le joug de Henry Christophe, pour se soumettre à la République; c'est ce qui occasionna l'expédition d'une armée au Môle Saint-Nicolas.

Port-de-Paix a 23 îlets inégaux entre eux, coupés par des rues dont les directions varient en raison de ce que la ville suit la courbe en forme de croissant que décrit le rivage. Il y a une fontaine sur une place qui portait autrefois le nom de Louis XVI. L'air en est malsain, à cause des marais ou lagons qui environnent la ville. Les montagnes de cette commune sont très-productives en café et en denrées alimentaires; le climat y est très-favorable à la santé. Le Haut-Moustique fournit aussi les plus beaux bois de construction, tels que l'acajou moucheté et ondé, l'ébène et plusieurs sortes de lataniers. On trouve aux environs de l'albâtre, de la craie, des mines de fer, d'argent de cuivre, de zinc, et d'autres productions du règne minéral. Il y a aux environs de Jean-Rabel des sources d'eaux minérales, ferrugineuses et salées. L'amertume de ces dernières annonce l'existence de mines de sel gemme. C'est dans le port de

Jean-Rabel que le brave *Dérenoncourt* fit sauter le garde-côtes *la Constitution* qu'il commandait en 1807, pour ne pas être pris par un brick de guerre de Christophe qui vint l'y attaquer.

La Marmelade, chef-lieu de l'arrondissement de ce nom. Ce bourg et l'un de ses cantons furent appelés de ce nom à cause des pluies fréquentes qui font de leur sol une espèce de bouillie ou marmelade. La température en est très-fraîche. Le sol de la Marmelade est très-élevé et très-montueux, et le caféier y produit beaucoup. On y trouve des mines de cuivre et de soufre. C'est à Hinche que furent arrêtés, le 20 novembre 1790, l'infortuné V. Ogé et vingt-trois autres de ses braves compagnons, après l'insuccès de leur glorieuse levée de boucliers; de là ils furent transférés à Santo-Domingo, et emprisonnés à la tour.

Grande-Rivière. — La température de cette commune est très-favorable à la santé, car elle est réputée pour être le lieu de ce pays qui a montré le plus de centenaires. Dans les montagnes, le thermomètre descend jusqu'à 9° au-dessous de zéro. On a toujours vanté les produits abondants de cette commune en vivres de toute espèce.

Dans les premiers temps de la Révolution, V. Ogé et J. B. Chavannes (qui y naquit), et trois cents autres Haïtiens, y combattirent les tyrans coloniaux; là se trouvait aussi le fort de la Soude, à l'attaque duquel périt, en 1809, le brave David Troy.

Les premières abeilles venues de la partie de l'est y furent naturalisées; elles provenaient de la Havane. Le sol où est établi le bourg de Dondon est élevé d'environ 250 toises au-dessus du niveau de la mer : toute l'étendue de cette commune est en montagnes entrecoupées et séparées par des vallées; elles recèlent l'or, l'argent, le cuivre, le fer, l'antimoine, le marbre, la terre glaise, des pétrifications et des cristallisations de tous les genres, et une multitude de fossiles. Les productions des deux autres règnes n'y sont pas moins variées. C'est là qu'on a fait la première culture des caféiers venus de la Martinique, provenant des graines plantées au Terrier-Rouge.

Le Borgne. — Ce bourg est le chef-lieu de l'arrondissement de ce nom. Le territoire de cet arrondissement est situé à l'embarcadère de l'ancien bourg, qui n'existe plus, sur la rive droite de la rivière du Borgne, qui devient très-dangereuse dans la saison des pluies. Le territoire de cet arrondissement est presque en montagnes, qui produisent le plus beau café du département du Nord. On y cultive beaucoup de vivres alimentaires. A 5 quarts de lieue de la mer, on y trouve une caverne divisée en sept voûtes ou grottes, où l'on a trouvé des ossements humains, des fétiches et des fragments de vaisselle des Indiens, avec moulures. La température de cet arrondissement est fort douce.

Plaisance. — Ce bourg, situé à environ 13 lieues du Cap-Haïtien, tire son nom des localités de cette commune, et de l'agrément que l'on éprouvait en y parvenant par de mauvais chemins.

Le sol de cette commune produit de très-beau café. On y trouve d'excellents bois, des mines d'or, de cuivre et de fer, des granits, du jaspe, du porphyre de toutes les nuances et de la beauté la plus vantée, des ophites, des coquillages marins.

Le Limbé a été le théâtre des forfaits de l'Africain *Macandal,* dont le nom est devenu de nos jours un terme légal qui sert à qualifier tout individu qui s'occupe à duper les crédules par l'emploi des fétiches et d'autres sortiléges dont le but ne serait point d'effectuer des crimes, ni même de simples délits. Mais anciennement, on entendait par ***macandals*** ceux qui, comme celui du Limbé, employaient les poisons pour donner la mort aux hommes. Macandal fut longtemps errant dans les bois ; enfin, il fut arrêté, condamné et brûlé vif, en 1758, dans la ville du Cap-Haïtien.

Fort-Liberté, au fond de la baie du même nom, était autrefois aussi remarquable qu'importante par ses fortifications ; mais elle n'offre plus à l'œil étonné que des ruines et quelques édifices ; les établissements de cette commune ont commencé vers 1701. Les Espagnols, qui avaient construit un fort à l'entrée de la baie, appelaient la ville qu'ils fondèrent, et qui fut abandonnée en 1806, Bahiaha, nom formé du mot *Bahia* (baie), et de l'interjection *ha*, pour exprimer l'admiration qu'inspire cette magnifique baie. Cependant, on ne peut s'empêcher de céder à un mouvement d'admiration à l'aspect de cette magnifique baie, où de nombreuses flottes peuvent être réunies et trouver les commodités navales qui dépendent de la situation, qui y est bien disposée par la nature. Les vaisseaux peuvent y caréner. La ville contient 19 rues, formant 75 carrés ou îlets, et 340 emplacements ; ces rues ne sont point pavées. Elle était autrefois la seconde du Nord par son importance avant la Révolution. La température de cette ville n'est pas saine. Cette commune a des mines d'or et de cuivre.

EXERCICES.

1° En combien d'arrondissements est divisé le département du Nord ?

2° Donnez des détails de la ville du Cap-Haïtien.

3° Quelles sont les villes qui en forment l'arrondissement ?

4° Dans quel arrondissement se trouvent Saint-Michel et l'Atalaye ?

5° Quels sont les faits remarquables arrivés dans la ville du Cap-Haïtien ?

6° Y a-t-il quelques événements remarquables arrivés au Môle Saint-Nicolas?

7° Faites-nous connaître quelque chose du Port-de-Paix.

8° Comment est le climat de Port-de-Paix?

9° Quels sont les grands hommes qui sont nés à la Grande-Rivière du Nord?

10° Quel fut le premier lieu d'Haïti que Christophe Colomb visita?

11° Dites-nous pourquoi Lacombe, Ogé et Chavannes ont péri.

12° Faites savoir ce que fit Sonthonax, en août 1793.

13° Où est situé Bombardopolis, et d'où tire-t-il son nom?

CHAPITRE V

DÉPARTEMENT DU CIBAO, OU DU NORD-EST.

Le département du Cibao, ou Nord-Est, est divisé en trois arrondissements :

1° L'arrondissement de San-Yago a pour chef-lieu la ville de San-Yago, et renferme la ville de la Véga et les bourgs de Macoris, de Las-Muertas, et de Moca.

2° L'arrondissement de Puerto-Plata a pour chef-lieu Puerto-Plata.

3° L'arrondissement de Monte-Christo a pour chef-lieu Monte-Christo.

San-Yago. — Cette ville est située sur la rive droite du Grand-Yaque : elle est fort ancienne, car elle existait avant 1504. Les rues en sont très-bien alignées, et coupées à angle droit. L'air y est très-pur, ainsi que dans toute la commune. Le Grand-Yaque et les autres rivières qui y coulent charient des grains et des pailles d'or : des mines d'argent de cuivre et de mercure y ont été découvertes à différentes époques. Le *guatapana,* arbre dont la graine procure une très-belle teinture noire, est abondant dans cette commune, ainsi que dans celle de Monte-Christo.

A la Véga, on fondait quelquefois dans l'année jusqu'à 240 mille écus d'or, produits par les mines du Cibao, dont cette ville était peu éloignée.

Puerto-Plata, dont une prononciation vicieuse a fait *Porte-Plate,* a été découverte et visitée par Colomb, dans son premier voyage. Elle est dominée par une montagne dont la cime est si blanche, que les Espagnols la crurent « couverte de neige ». Cette commune est très-abondante en mines d'or, d'argent et de cuivre. On y trouve aussi du plâtre. Depuis 1822, que le port a été ouvert au commerce étranger, la ville de Puerto-Plata s'est embellie par beaucoup de maisons qui y ont été bâties; les plantations de caféiers qu'on a faites dans cet arrondissement y ont bien réussi. Le port sert de débouché aux denrées de cet arrondissement, ainsi qu'à celles de San-Yago, de la Véga et du Cotuy.

Des batteries protégent l'entrée du port, qui est assez difficile : une rivière s'y jette. On a découvert, quelque temps passé, à Puerto-Plata, le *myrte à cire,* ou cirier, arbre dont la graine produit une cire végétale de couleur verte : elle peut être blanchie comme la cire d'abeilles.

Monte-Christo. — Cette petite ville, située sur la baie qui porte son nom, à 300 toises du rivage, a été fondée en 1533, par soixante laboureurs qui y furent transportés d'Espagne avec leurs familles. Anéantie en 1606, elle fut rebâtie en 1756 par des *Canariens,* que l'Espagne y envoya; elle n'est éloignée du Cap-Haïtien que de 14 lieues à peu près. On élève des bestiaux dans cette commune. Ce port sert d'embarcadère au tabac et autres denrées qu'on y cultive. A 800 toises du port est la grande rivière du Grand-

Yaque, qui a deux embouchures distantes de 300 toises l'une de l'autre, mais qui se réunissent à environ 1 quart de lieue plus haut. Cette rivière a beaucoup de caïmans. Elle prend sa source au pic d'Yaque, dans les montagnes de Cibao, et pourrait être rendue navigable à plus de 20 lieues de son embouchure, par des bateaux plats, qui serviraient ainsi au transport des denrées de l'immense plaine de la Véga-Réal, tandis que la Yuna donnerait la même facilité dans la baie de Samana. C'est alors que Monte-Christo acquerrait une importance que dans l'état actuel elle ne peut avoir, quoiqu'elle soit le chef-lieu d'un arrondissement.

EXERCICES.

1° En combien d'arrondissements est divisé le département de l'Ouest?
2° Sur quelle rive est située la ville de San-Yago?
3° Quelles sont les villes qu'il renferme, et en quelle année San-Yago fût-elle bâtie?
4° Trouve-t-on des mines dans l'arrondissement de San-Yago, et quelles sont-elles?
5° Comment est l'air de cette ville?
6° En quoi Puerto-Plata est-elle abondante?
7° A quelle époque Puerto-Plata fut-elle visitée par Colomb?
8° Comment est située Monte-Christo?
9° Par qui cette ville fut-elle formée?
10° En quelle année fut-elle anéantie?
11° Par qui fut-elle rebâtie, et en quelle année?

CHAPITRE VI

DÉPARTEMENT DE L'OZAMA, OU SUD-EST.

Le département de l'Ozama est divisé en quatre arrondissements :

1° L'arrondissement de Santo-Domingo a pour chef-lieu la ville de Santo-Domingo.

2° L'arrondissement de Bani a pour chef-lieu la ville de Bani, et renferme les bourgs de Saint-Christophe, de Seybo, d'Hyguey, de Samana, de Bayaguana, de Los-Llanos de Monte de Plata, de Samana-la-Mas, de les Minas et de Boya.

3° L'arrondissement d'Azua a pour chef-lieu la ville d'Azua, et renferme le bourg de Neyba.

4° L'arrondissement de Saint-Jean a pour chef-lieu la ville de Saint-Jean, et renferme les bourgs de Las-Matas et de Banica.

Santo-Domingo. — Cette ville, la plus ancienne du nouveau monde, fut originairement fondée sur la rive orientale de l'Ozama, en 1494, par Barthélemy Colomb. Un ouragan, qui eut lieu en 1502, et qui en renversa presque tous les établissements, alors couverts de paille, joint aux ravages que causaient une inombrable quantité de fourmis, décida le gouverneur, N. Ovando, à faire transférer, en 1504, cette ville sur la rive occidentale de la rivière, où Diego Colomb avait déjà fait construire sa maison, en murs très-épais, et garnie d'artillerie, pour se défendre contre les Indiens : on en voit encore les restes. Elle a la figure d'un trapèze, d'environ 450 toises à l'est Le bourg de l'Ozama a 400 toises au sud, le long de la mer, et environ 1,500 toises de tour. Tout autour de la ville règne un rempart épais, garni de bastions, de distance en distance. La fortification appelée la *Force,* attenante à l'arsenal, est la première établie par Ovando.

Vingt rues divisent ses îlets inégaux; elles sont larges, et bien alignées : les maisons particulières et les édifices publics sont construits en pierres très-dures, tirées des carrières qui sont au nord de la ville. Les maisons sont à étages, ou à rez-de-chaussée, et assez uniformément bâties. Les plus anciennement construites ont une terrasse; et comme elles sont toutes contiguës, on peut passer de l'une à l'autre.

De tous les édifices publics qui sont à Santo-Domingo, la cathédrale est celui qui tient le premier rang; elle est d'une architecture gothique, mais majestueuse : elle a une nef et deux bas côtés; la voûte est en pierres de taille. On y entre par trois grandes portes et par deux portiques. Pour monter sur la terrasse, on passe par un escalier fait en spirale, qui est d'un travail supérieur. Sur le côté nord de la convexité de la voûte est une bombe à moitié enfoncée, qui a été lancée en 1809 par les Anglais contre les Français, qu'ils bloquaient dans ce port. C'est dans cette cathédrale que furent inhumés les ossements de Christophe Colomb, après leur translation de Séville, où ils avaient été portés de Valladolid; ce grand homme étant mort dans cette dernière ville le 20 mai 1506. Ceux de Barthélemy Colomb y furent aussi enterrés; et l'on doit à Moreau de Saint-Méry la certitude de ces faits, par les recherches qu'il provoqua en 1783.

Le port de Santo-Domingo est formé par les rivières de l'Ozama et de l'Isabelle, qui se réunissent à peu de distance de la ville, après avoir reçu dans leur cours les eaux de Yabacao, de Monte-Plata, etc. C'est un véritable bassin naturel, avec des carénages pour les bâtiments qui peuvent y entrer; car à l'embouchure se trouve une barre, formée plutôt par le sable que charrie l'Ozama que par des roches.

Cette belle rivière est navigable à neuf ou dix lieues de la mer, et le port est assuré contre tous les vents.

Les habitants de la ville ne boivent que l'eau des citernes : chaque maison en a une, plus ou moins grande. La rade extérieure est très-mauvaise ; toute la côte est exposée aux vents du sud, et la mer est toujours houleuse.

Les environs de Santo-Domingo offrent un aspect assez intéressant, par l'établissement des jardins avec des maisons de plaisance. L'air y est frais et salubre, surtout dans la partie éloignée du port.

Bani. — Cette ville, chef-lieu d'arrondissement de ce nom, est placée au milieu de la longueur est et ouest d'une plaine dont la surface carrée est d'environ 80 lieues, et à 250 toises de la rivière de Bani, sur la route d'Azua à Santo-Domingo. Cette situation est l'une des plus agréables pour la vue et la santé, car le voisinage de la rivière et l'élévation de cette plaine en rendent l'air fort sain. Des hattes sont établies dans cette commune ; la population en est assez considérable. Elle fournit aussi le bel acajou de Nisao, du gayac, du café, du sucre, des cuirs en poil et du sel marin, que l'on tire des salines d'Ocoa.

Azua. — Cette ville est située sur la route de Saint-Jean et celle de Neybe à Santo-Domingo, à près de deux lieues du rivage de la baie d'Ocoa. Azua est le nom indien que portait ce territoire, aujourd'hui chef-lieu d'un arrondissement.

On y fabriquait de très-beau sucre, et en grande quantité, dans les premiers jours de la découverte. On voit encore es restes d'une sucrerie près de la rivière d'Ocoa, et l'aqueduc dont l'eau faisait mouvoir le moulin. De nos jours, de petits établissements procurent encore du sucre, et le sirop sert à confectionner un tafia ou rhum très-réputé ; les oranges et toutes les autres productions du règne végétal y sont de la meilleure qualité. Azua produit aussi des bêtes à cornes, des bois d'acajou, de fustic, de gayac, etc. Il y a des eaux minérales dans les montagnes de Viajama, qui ont paru après le tremblement de terre de 1751, et des mines d'or dans la commune ; l'exploitation en a été abandonnée depuis de bien longues années.

Le bourg de Neyba, du nom de celui de la belle rivière qui coule à 9 lieues de là, et dont la source sort des montagnes de Cibao, est assez peuplé ; et son territoire, où l'on cultive toutes les denrées avec avantage, sert aussi à l'élève des bestiaux ; l'arbre connu sous le nom de *bayaondes* s'est tellement propagé dans la plaine de Neyba, que ces belles savanes ne sont plus qu'une épaisse forêt. Neyba a un beau port dans la baie de *Baraona*, située près de la baie de Neyba, où se décharge la rivière par sept embouchures.

On y embarque beaucoup de bois d'acajou.

On trouve du plâtre, du talc, et une mine de sel marin fossile, dans le territoire de ce bourg ; ce sel sert à la consommation des habitants jusqu'à Saint-Jean et Las-Matas, et la mine se reproduit prodigieusement.

SAINT-JEAN est située sur la rive gauche de la rivière de Neyba, dont les eaux sont grossies plus bas et à quelques lieues par plusieurs autres, et surtout par le Petit-Yaque, qu'il faut traverser pour aller à Azua. Il fait froid dans la vallée de Saint-Jean pendant la nuit et durant l'hiver, car elle est assez élevée. Ses belles savanes sont très-propres à l'élève des bestiaux, et les chevaux de Saint-Jean sont très-renommés.

On y cultive aussi la canne à sucre, le café, le coton, et toutes les autres denrées alimentaires ; le maïs y vient très-bien et fournit de beaux épis.

Des mines d'or existent dans le territoire de Saint-Jean, où l'on a trouvé aussi des diamants, de même qu'à Banica, et du jaspe de toutes les couleurs, du porphyre et de l'albâtre.

La route qui passe par la vallée de Constance, pour communiquer à la Véga, sort de Saint-Jean.

C'est dans cette ville que J. B. Chavannes fut arrêté, le 16 novembre 1790, pour être conduit à Santo-Domingo.

A deux lieues de Banica se trouvent quatre sources d'eaux thermales, dont les propriétés sont de guérir beaucoup de maladies que l'art considérait comme incurables; des malades y ont trouvé une guérison complète; mais malheureusement elles manquent de bons établissements, et un habile médecin pour diriger le traitement des personnes qui y vont souvent. L'époque la plus convenable est d'octobre en mai, par rapport aux pluies considérables des autres mois.

EXERCICES.

1° Quel est le chef-lieu du département de l'Ozama ?
2° En combien d'arrondissements est divisé le département de l'Ozama ?
3° En quelle année la ville de Santo-Domingo fut-elle fondée, et par qui ?
4° A quelle époque Santo-Domingo a-t-elle été transférée sur la rive occidentale de l'Ozama ?
5° Que voit-on de remarquable à Santo-Domingo ?
6° Quelle est la figure de la ville de Santo-Domingo ?
7° Donnez-nous une description de ses rues.
8° Quel est l'édifice qui tient le premier rang parmi ceux de la ville de Santo-Domingo ?
9° Quel aspect offrent les maisons de cette ville ?
10° Où est située la ville de Bani ?
11° Quels sont les bourgs qui forment l'arrondissement de Bani ?
12° Donnez quelques détails de la ville d'Azua.
13° Quels sont les produits de la ville de Saint-Jean ?

FIN DE LA DEUXIÈME PARTIE.

TROISIÈME PARTIE

CHAPITRE PREMIER

PRODUCTIONS ET RESSOURCES DE L'ILE D'HAÏTI.

Le sol d'Haïti est très-fertile. Il fournit abondamment, tant pour la consommation intérieure que pour l'exportation, le tafia, le cacao, le sirop, la cire, l'huile de palma Christi, le tabac, l'amidon, le maïs, le riz, le mil, le coton, l'indigo, etc., etc. La casse, le limon, le tamarin, l'oranger et un grand nombre de fruits, y viennent sans culture. Les plantes médicinales y abondent. On y récolte le gingembre, de beaux légumes et d'excellents fruits.

On y élève aussi du bétail ; le gibier, le ramier, la pintade, la sarcelle, le canard sauvage, l'ortolan et la tourterelle, y sont exquis.

Cette terre fertile nourrit aussi une quantité considérable d'arbres, d'arbustes et de plantes utiles, tels que bois de teinture, bois de construction, l'acajou avec lequel on fait de fort beaux meubles ; tous ces arbres croissent dans toute l'étendue de l'île.

On y trouve des pierres précieuses, le diamant, l'émeraude, etc., etc., et d'autres productions du règne minéral, telles que le marbre, le soufre, le cristal, etc., etc., et de nombreuses sources d'eaux thermales qui ont la propriété de guérir différentes maladies.

Personne n'ignore que la partie orientale de l'île renferme

des trésors immenses en mines d'or, d'argent, de cuivre, de fer, de plomb, de mercure, etc., etc. ; il y a près de Cibao une carrière d'aimant.

Mais, soit que ces trésors enfouis dans les entrailles de la terre coûteraient trop de sang et de fatigues pour les en tirer, ou soit que la richesse inépuisable du sol fasse négliger cette source de richesses, ces mines ne sont plus exploitées. La plupart furent comblées après la destruction totale des malheureux originaires de Santo-Domingo.

Les revenus publics consistent dans les différentes impositions que la loi établit sur l'industrie nationale, les produits agricoles, les revenus des biens urbains, l'importation des marchandises de l'étranger.

La fabrication des monnaies nationales, les ventes des biens urbains et ruraux, l'affermage des boucheries, des cimetières enclos, le produit des droits curiaux dans certaines communes, le timbre, l'enregistrement, etc., etc., fournissent aussi à la recette de l'État.

Le gouvernement haïtien est républicain constitutionnel, essentiellement fondé sur la souveraineté nationale.

L'exercice de tous les cultes est permis dans la république d'Haïti, mais la religion catholique est professée par la majeure partie des Haïtiens.

La population d'Haïti est évaluée à environ 1,000,000 d'âmes.

EXERCICES.

1° Quelles sont les productions principales de l'île d'Haïti ?
2° Produit-elle des plantes médicinales ?
3° Quels sont les arbres qui y croissent ?
4° Quels sont les animaux qu'on élève ?
5° Quelles sont les richesses du règne minéral que l'on y trouve ?
6° Les mines sont-elles exploitées ?

7° En quoi consistent les revenus publics?
8° Quelles sont les autres ressources de l'État?
9° Quelle est la forme du gouvernement haïtien?
10° Quelle est la religion de la majeure partie des Haïtiens?
11° Quelle est la population de l'île d'Haïti?

CHAPITRE II

NOTIONS HISTORIQUES.

L'île d'Haïti fut découverte le 5 décembre 1492, par Christophe Colomb, jeune pilote italien. Il la découvrit un dimanche, à dix heures du soir; il prit terre le 6, au Môle Saint-Nicolas, et en prit possession au nom du roi d'Espagne. Il lui donna le nom d'*Hispaniola,* auquel les Français substituèrent celui de *Saint-Domingue.* On l'a aussi surnommée la *Reine des Antilles,* parce qu'elle est la plus riche, et, après Cuba, la plus grande de l'archipel américain; mais lorsque l'île eut conquis son indépendance et recouvré ses droits imprescriptibles, elle reprit celui d'*Haïti,* qui, dans la langue des indigènes, signifie *terre boisée* ou *montagneuse.*

Lorsque Christophe Colomb découvrit cette île, elle était habitée par des Indiens sauvages appelés *Caraïbes;* ces insulaires avaient le teint basané, les cheveux longs et noirs. Sobres, mais insouciants, ils vivaient entre eux sans ambition et en bonne intelligence, préférant les douceurs du repos aux soucis cuisants de l'avarice, et aux soins d'exploiter des mines d'or, qu'ils foulaient aux pieds, en regardant ce métal comme inutile au bonheur de l'existence.

Leurs plaisirs étaient la danse au son du tambour, la pêche, la chasse; leur occupation, la culture simple et facile du *maïs.* Ils mangeaient en paix et sans envie, à la porte de leurs cabanes, un maïs boucané, en jouissant du calme de leur innocence; mais ces paisibles et malheureux habitants furent tous détruits par les Espagnols, qui s'emparèrent de cette île.

D'après quelques historiens, cette île était extraordinairement peuplée, au moment de la découverte. Les Espagnols, maîtres du pays, après les avoir démoralisés, détruisirent cette population par des travaux excessifs dans les mines, et par des guerres cruelles; c'est alors que, pour repeupler le pays, ils inventèrent l'infâme trafic de la traite sur la côte d'Afrique.

Les Espagnols jouirent de cette colonie pendant plus de cent trente ans, lorsque, vers l'an 1630, ils eurent à lutter contre une bande d'aventuriers français et anglais, connus sous le nom de *flibustiers* ou *boucaniers,* qui vinrent s'emparer de la côte nord de l'île, malgré les efforts de ses premiers conquérants.

Après deux siècles de troubles, de divisions et de guerres cruelles, les Espagnols et les Français fixèrent, en 1777, les limites de leurs possessions respectives. Cet état de choses dura jusqu'en 1795, époque à laquelle l'Espagne, par le traité de Bâle, céda sa partie à la France, qui la lui restitua après.

Les indigènes de l'île d'Haïti, longtemps opprimés sous le joug des colons, se levèrent au cri de la liberté, et réclamèrent leurs droits. Après une lutte sanglante qui s'engagea entre eux et les Français, dans laquelle ils firent preuve d'un grand courage et d'une résolution énergique, les Français succombèrent, et perdirent à jamais leur puissance dans cette île; ils en chassèrent leurs oppresseurs et reconquirent leurs droits trop longtemps méconnus et contestés.

Haïti, respirant enfin après de si longues agitations, proclama son indépendance primitive le 1er janvier 1804. Dessalines, élevé au premier rang, usurpa le titre d'empereur, et publia une constitution le 20 mai 1804; mais son trône fut aussitôt détruit qu'érigé : le peuple avait récompensé en lui les services du citoyen, il punit en lui le tyran. Cet événement arriva le 17 octobre 1806.

Mûrie par cette leçon d'expérience, Haïti, régénérée, sentit le besoin d'un gouvernement qui offrît désormais une garantie, et la république fut créée. Henry Christophe en fut élu président; mais, loin d'accepter cette charge, il déploya l'étendard de la rébellion, se retira dans la partie du nord qu'il commandait, et prit le titre de *roi*. Cette circonstance ne fut pas heureuse pour Haïti, car dès lors elle eut des guerres intestines à soutenir; et tandis que Christophe exerçait une coupable tyrannie sur ses concitoyens du nord, qui gémissaient sous sa verge de fer et de sang, *Alexandre Pétion,* élu président dès 1807, épargnait le sang de ses frères, et préparait par une profonde politique la réunion de la partie du nord à la République. Christophe expia ses crimes en se suicidant le 8 octobre 1820.

Après la chute de Christophe, le royaume d'Haïti se réunit spontanément à la République, et en 1822 les habitants de la partie de l'est se déclarèrent indépendants de toute domination étrangère. L'île entière forma, sous le régime du président *Boyer,* la république d'Haïti, dont l'indépendance a été reconnue par la France et par toutes les autres puissances.

En 1838, arrivèrent au Port-au-Prince MM. de Las-Cases et Baudin, plénipotentiaires de S. M. le roi des Français près du gouvernement d'Haïti, chargés de conclure un traité définitif entre Haïti et la France. Le gouvernement haïtien choisit pour ses plénipotentiaires les sénateurs M. E. Eustache Frémont, Dominique François Labbé, et A. Beaubrun Ardouin; le général de brigade Th. Balthazar Ingignac, secrétaire, et le citoyen Mesmin Séguin Villevaleix, chef des bureaux de la secrétairerie générale ; et le 12 février ils terminèrent leurs conférences par deux traités, qui furent immédiatement ratifiés par le président d'Haïti et sanctionnés par le Sénat, à la satisfaction du peuple.

Avec tant d'avantages, et d'après les événements qui viennent de s'accomplir en faveur de la régénération du pays, les amis de l'ordre et de la civilisation aiment à croire qu'Haïti se donnera des institutions libérales, qui la mettent dans la voie nécessaire à son état social, et qui l'initient à l'industrie, aux sciences et aux arts, qui font le bonheur et la prospérité des nations.

EXERCICES.

1° Par qui l'île d'Haïti fut-elle découverte?
2° Faites savoir qui était Christophe Colomb.
3° Au nom de qui prit-il possession de l'île d'Haïti?
4° Quel nom lui donna-t-il?
5° Que veut dire le mot « Haïti »?
6° Par quelle race était peuplée l'île d'Haïti?
7° Dites-nous ce que les historiens racontaient de cette île.
8° Que firent les Espagnols quand ils prirent l'île d'Haïti?
9° A quelle époque les Espagnols et les Français fixèrent-ils les limites de leurs possessions?
10° En quelle année l'indépendance d'Haïti fut-elle proclamée?
11° Que fit Henri Christophe quand il fut élu président?
12° Que fit Pétion quand on le nomma président?
13° Quel événement arriva après la chute de Christophe?
14° Les amis de l'ordre et de la civilisation, que pensent-ils d'Haïti?
15° En quelle année l'île d'Haïti fut-elle constituée en république?

FIN DE LA TROISIÈME PARTIE.

QUATRIEME PARTIE

ABRÉGÉ CHRONOLOGIQUE DES ÉVÉNEMENTS ARRIVÉS EN HAITI.

1492 — 5 *décembre.* Christophe Colomb découvre l'île d'Haïti; il y prend terre le lendemain sur un cap, auquel il donne le nom de Saint-Nicolas, en l'honneur du saint dont ce jour était la fête.

1494 — Fondation de la ville d'Isabelle, appelée depuis Santo-Domingo, sur la rive gauche de l'Ozama. Un ouragan l'ayant détruite en 1504, le gouverneur Ovando la fit reconstruire sur la rive droite du même fleuve.

1495 — Les indigènes, poussés au désespoir par les vexations et les cruautés des Espagnols, se soulevèrent. Cent mille de leurs combattants se présentent, au mois de mars, dans la plaine de Véga-Réal : ils y sont défaits par deux cents fantassins et vingt cavaliers espagnols ! La soumission entière de l'île est le fruit de cette victoire.

1505 — 20 *mai.* Christophe Colomb meurt dans la disgrâce à Valladolid, en Espagne : sa mort est suivie de l'esclavage et de la destruction progressive de la population indigène d'Haïti.

1506 — Plantation de la canne à sucre apportée des Canaries, et venue originairement des Indes orientales.

4.

1507 — Il ne reste plus, dans toute l'île, que soixante mille indigènes, des trois millions qui s'y trouvaient au moment de la découverte. On essaye de la repeupler en y transportant des sauvages des îles Lucayes. Cet expédient n'ayant pas réussi, on a recours à la traite des Africains.

1538 — Henry, cacique haïtien, après avoir résisté pendant treize années, à la tête de quelques mécontents, aux forces des Espagnols, dans les montagnes de Bahoruco, négocie avec l'envoyé du roi d'Espagne, Barrio-Nuevo. On lui abandonne, pour y résider avec tous ceux de sa nation qui veulent le suivre, le canton Baya, où lui et ses descendants jouiront longtemps de grands priviléges et de l'exemption de tout tribut.

1586 — La ville de Santo-Domingo est pillée et incendiée par les Anglais, sous les ordres de l'amiral Francis Drake.

1640 — Des aventuriers français et anglais, chassés de l'île Saint-Christophe, abordent sur la côte d'Haïti, et inquiètent les Espagnols dans la possession de leur colonie. Connus d'abord sous le nom de *boucaniers,* ils le quittèrent pour celui de *flibustiers,* sous lequel ils étonnèrent dans la suite le monde par leur audace et leur férocité. L'île de la Tortue devient le quartier général ou plutôt le repaire de ces *flibustiers.* Telle fut l'origine des établissements français à Saint-Domingue.

1665 — Les possessions françaises sont concédées par le gouvernement à la Compagnie des Indes-Occidentales. Bertrand d'Ogéron, premier gouverneur pour cette Compagnie. La colonie naissante s'étend et prospère sous son administration.

1666 — Il y naturalise la culture du cacao.

1685 — Établissement d'un conseil supérieur de justice au Petit-Goâve, à Léogane, au Port-de-Paix et au Cap-Français.

1687 — Le traité de paix de Riswick met fin aux hostilités entre les Espagnols et les Français, et confirme ceux-ci dans la possession de l'ouest et sud de l'île.

1712 — Troubles survenus dans la partie française, à l'occasion des droits et prétentions de la Compagnie des Indes-Occidentales; ils se prolongent jusqu'en 1724.

1727 — M. Déclieux transporte un pied de caféier à la Martinique, d'où la culture de cette plante se répand à Saint-Domingue et dans toutes les îles voisines.

1750 — 10 *juin*. Tremblement de terre, qui détruit de fond en comble la ville du Port-au-Prince.

1776 — Traité fixant les limites entre la partie française et la partie espagnole.

1789 — Espérance d'émancipation que fait naître la connaissance des événements arrivés en France. Les députés de la colonie sont admis dans l'Assemblée nationale le 17 juin.

1790 — *Avril*. Réunion d'une assemblée coloniale à Saint-Marc. Les troupes envoyées par le gouverneur pour la dissoudre sont repoussées; elle s'embarque volontairement pour la France le 8 août.

— — 12 *octobre*. *Jacques Ogé* revient de France; quelques indigènes se réunissent à lui pour réclamer l'exécution du décret de l'Assemblée nationale du mois de mars précédent, sur la jouissance des droits civils et politiques ; leur troupe se cantonne à la Grande-Rivière. Des forces sont envoyées contre eux par le gouvernement, et les dispersent. Ogé et ses deux frères, réfugiés dans la partie de l'est, sont livrés par les Espagnols et sacrifiés le 18 février 1791.

1791 — 23 *août.* Une seconde assemblée coloniale se réunit au Cap, sans la participation du gouvernement ; insurrection générale dans le nord, qui se propage rapidement dans l'ouest et dans le sud.

1792 — 17 *septembre.* Arrivée au Cap des commissaires français Santhonax, Polvérel et Ailhaud.

1793 — 28 *janvier.* Les Espagnols prennent possession du Fort Dauphin.

— — 5 *février.* Décret portant l'abolition de l'esclavage dans les colonies françaises.

— — 20 *juin.* Galbeau, ex-gouverneur, destitué par les commissaires, marche contre eux avec ses frères et un grand nombre de mécontents : la ville du Cap est incendiée.

— — 31 *août.* Santhonax proclame la liberté générale au Cap.

— — 19 *septembre.* Les Anglais occupent Jérémie, et successivement le Môle, Saint-Marc, l'Arcahaie, Léogane, etc.

1794 — 5 *juin.* Évacuation des commissaires Polvérel et Santhonax ; entré des Anglais au Port-au-Prince.

1795 — 12 *juillet.* Traité de Bâle, qui cède aux Français la partie espagnole de Saint-Dominique.

1798 — 21 *avril.* Hédouville au Cap; ses démêlés avec le général Toussaint Louverture. Il part pour la France au mois d'octobre, et est remplacé par le commissaire Roume de Saint-Lorient.

— — 8 *mai.* Évacuation par les Anglais du quartier de l'ouest, et successivement de tous les points de l'île qu'ils avaient occupés.

— — Division entre les généraux Toussaint Louverture et Rigaud, et commencement de la guerre civile.

1801 — 27 *janvier.* Entrée du général Toussaint Louverture à Santo-Domingo, et prise de possession de la partie de l'est au nom de la république française.

— — Constitution qui confère à ce général le gouvernement général à vie de la colonie.

1802 — 3 *février.* Escadre de Leclerc devant le Port-au-Prince.

— — 5 *février.* Les Français débarquent au Cap : second incendie de cette ville.

— — 3 *mars.* Défense héroïque du poste de la *Crête-à-Pierrot,* par l'armée indigène, sous les ordres du général Dessalines.

1803 — 10 *octobre.* Expulsion des Français du Port-au-Prince, et peu après, de tous les points de la partie française.

1804 — *Janvier.* Proclamation de l'indépendance d'Haïti; Dessalines, gouverneur général à vie.

— — 8 *octobre.* Dessalines, empereur, sous le nom de *Jacques* Ier.

1806 — 17 *octobre.* Sa mort comme tyran.

1806 — 27 *décembre*. Constitution de la république d'Haïti; scission de la partie du nord, entraînée par le général Christophe.

1807 — 1er *janvier*. Combat de Sibert, et siége du Port-au-Prince par Christophe.

— — 9 *mars*. Élection d'*Alexandre Pétion* à la présidence d'Haïti.

1808 — 10 *novembre*. Défaite des Français à Palo-Hincado; mort du général Ferrand.

1809 — 11 *juillet*. Expulsion des Français de Santo-Domingo.

1811 — 2 *juin*. Christophe, chef de la partie du nord, prend le titre de roi d'Haïti, et se fait couronner sous le nom de *Henry* Ier.

1812 — *Mars*. Deuxième siége du Port-au-Prince par Christophe.

1818 — 29 *mars*. Mort d'*Alexandre Pétion*, fondateur et président de la république d'Haïti.

— — 30 *mars*. Élection du général *Boyer* à la présidence.

1819 — Répression de la révolte de Goman dans les montagnes de la Grande-Anse.

1820 — 8 *octobre*. Mort violente de Christophe.

— — 26 *octobre*. Entrée des troupes de la République et du président Boyer au Cap-Haïtien, et réunion de la partie du nord à la République.

1822 — 9 *février*. Entrée pacifique du président d'Haïti à Santo-Domingo, événement qui complète la réunion du peuple d'Haïti sous le gouvernement républicain.

1825 — 3 *juillet*. Arrivée au Port-au-Prince de M. le baron de Mackau, capitaine de vaisseau, porteur de l'ordonnance de S. M. le roi de France, du 17 avril, qui reconnaît l'indépendance pleine et entière du gouvernement d'Haïti.

— — 11 *juillet*. Acceptation et entérinement de cette ordonnance par le Sénat.

1832 — *Juillet*. Incendie qui détruit presque la partie du sud du Port-au-Prince.

1838 — Arrivée au Port-au-Prince de MM. de Las-Cases et Baudin, plénipotentiaires de S. M. le roi des Français près du gouvernement d'Haïti, chargés de conclure un traité définitif entre Haïti et la France. Le gouvernement d'Haïti choisit pour ses plénipotentiaires le général de brigade Th. Balthazar Inginac, secrétaire général; le sénateur Marie-Élisabeth-Eustache Frémont, colonel, aide de camp du président d'Haïti; les sénateurs Dominique-François Labbé et Alexis Beaubrun Ardouin, et le citoyen Louis Mesmin Séguin Villevaleix, chef des bureaux de la secrétairerie générale.

— — 12 *février*. Les plénipotentiaires terminent leurs conférences par deux traités, qui sont immédiatement ratifiés par le président d'Haïti et sanctionnés par le Sénat, à la satisfaction du peuple. Le premier traité est tout politique, et le second purement financier.

1842 — 7 *mai*. Tremblement de terre, qui renverse de fond en comble les villes du Cap-Haïtien, de Saint-Yague, de Port-de-Paix, des Gonaïves, etc. : 10,000 personnes environ y ont péri.

1843 — 9 *janvier*. Incendie qui détruit une grande partie de la ville du Port-au-Prince.

— — 26 *janvier*. Prise d'armes sur l'habitation Praslin par quelques habitants des Cayes. Commencement de la révolution de 1843.

— — 13 *mars*. Le président Boyer s'embarque vers les sept heures du soir, avec une partie de sa famille, sur la corvette anglaise *Sylla*. La veille de son départ, perdant tout espoir, il adresse au Sénat le message suivant :

« Citoyens sénateurs,

« Vingt-cinq années se sont écoulées depuis que j'ai été appelé à remplacer l'illustre fondateur de la République que la mort venait d'enlever à la patrie. Durant cette période de temps, des événements mémorables se sont accomplis; dans toutes les circonstances, je me suis toujours efforcé de remplir les vues de l'immortel Pétion, que mieux que personne j'étais en position de connaître. Ainsi, j'ai été assez heureux de voir successivement disparaître du sol la guerre civile et les divisions du territoire qui faisaient du peuple haïtien une nation sans force, sans unité : j'ai pu ensuite voir reconnaître solennellement sa souveraineté nationale, garantie par des traités dont la foi publique prescrivait l'exécution.

« Les efforts de mon administration ont constamment tendu vers un système de sage économie des deniers publics. En ce moment la situation du Trésor national offre la preuve de ma constante sollicitude : *un million de piastres environ* y sont placées en réserve, à Paris, pour le compte de la République; *d'autres fonds sont, en outre, déposés à la caisse des dépôts et consignations.*

« De récents événements, que je ne dois pas qualifier ici, ayant amené pour moi des déceptions auxquelles je ne devais pas m'attendre, je crois qu'il est de ma dignité, comme de mon devoir envers la patrie, de donner, dans cette circonstance, une preuve de mon entière abnégation personnelle, en abdiquant solennellement le pouvoir dont j'ai été revêtu.

« En me condamnant, en outre, à un ostracisme volontaire, je veux ôter toute chance à la guerre civile, tout prétexte à la malveillance. Je ne forme plus qu'un vœu : c'est qu'Haïti soit aussi heureuse que mon cœur l'a toujours désiré. »

1843 — 21 *mars*. Entrée au Port-au-Prince du chef d'exécution Rivière Hérard.

— — 4 *avril*. Installation d'un Gouvernement provisoire, composé des généraux Rivière, Segrettier, Guerrier, Voltaire, et du citoyen J. C. Imbert.

— — 30 *décembre*. Proclamation de la constitution de 1843 et élection du général R. Hérard à la présidence par l'Assemblée constituante.

1844 — 4 *janvier*. Inauguration de la constitution du 30 décembre 1843.

Prestation de serment et installation du président Rivière. Cris séditieux poussés par les officiers à la lecture de cette constitution : *A bas la municipalité ! à bas la préfecture !*

— — 16 *janvier*. Séparation de la partie de l'est des autres points de l'île.

— — 15 *avril*. Le Nord se détache du gouvernement de Rivière Hérard. Le général Pierrot est nommé général en chef de l'armée du Nord.

— — 26 *avril*. Le général de division Guerrier est nommé,

au nom du peuple souverain, par conseil d'État du Cap-Haïtien, président du département du Nord.

1844 — 3 *mai.* Déchéance de Rivière Hérard de la présidence par les habitants du Port-Républicain. Nomination du général Guerrier à la présidence.

— — 9 *mai.* Prestation de serment du président de la République.

1845 — 15 *avril.* Mort de Philippe Guerrier à Saint-Marc.

— — 16 *avril.* Nomination de Louis Pierrot à la présidence, par le conseil d'État.

1846 — 22 *janvier.* Ordre du jour de Pierrot, qui consulte l'armée sur l'entreprise de la campagne de l'Est.

— — 1er *mars.* Nomination du général Jean-Baptiste Riché à la présidence. La constitution de 1816 remise en vigueur.

— — 11 *mars* (minuit). L'infâme Accaau termine lui-même ses jours, à deux lieues de l'*Anse-à-Veau*, après avoir été cerné, traqué par les troupes du gouvernement.

1847 — 27 *février.* Mort de Jean-Baptiste Riché, pacificateur du Sud, et président de la République.

— — 1er *mars.* Élection du général Faustin Soulouque à la présidence.

1848 — 16 *avril.* Coup d'État qui consolide le pouvoir de Soulouque, en semant la division dans le sein de la famille haïtienne.

1849 — *Mars.* Tentative infructueuse pour ramener au giron de la République la partie de l'Est.

1849 — 26 *août.* Avénement du président Faustin Soulouque à l'empire.

1852 — 18 *avril.* Cérémonie du sacre de Leurs Majestés impériales à Port-au-Prince, capitale de l'empire.

1854 — *Octobre.* L'emprunt converti en dette nationale par convention entre Haïti et la France.

1855 — 10 *décembre.* Nouvelle tentative contre l'Est, qui a fait perdre à la nation son prestige d'héroïsme.

1857 — 12 *juin.* Vaste incendie qui détruit toute la partie sud du bord de la mer.

1858 — 20 *décembre.* Départ du général Geffrard, par voie de mer, pour les Gonaïves.

— — 23 *décembre.* La ville des Gonaïves prend les armes sous l'impulsion du général Geffrard. Un comité départemental s'y constitue et proclame la République, la déchéance de Soulouque, et le général Geffrard président d'Haïti.

1859 — 8 *janvier.* Fuite de Soulouque devant Saint-Marc, et son arrivée au Port-au-Prince, le 10 janvier, à huit heures du matin.

— — 15 *janvier.* Entrée triomphale de l'armée républicaine, à quatre heures du matin, au Port-au-Prince, sans effusion de sang. Elle délivre des cachots les nouvelles victimes que Soulouque y avait entassées.

— — Soulouque se réfugie au consulat de France, à sept heures du matin. Il abdique le pouvoir par un acte rédigé au consulat de France.

— — 15 *janvier.* Il s'embarque sur le *Melburn,* navire de convoi anglais, à six heures du soir, sous l'escorte d'une forte garde que lui procure le général Geffrard. Les consuls l'accompagnent jusqu'aux quais. Le peuple l'accable d'épithètes plus que méritées.

1859 — 16 *janvier*. Les anciens ministres de Soulouque et tous les généraux de l'armée se constituent en conseil d'État et proclament le séquestre des biens de Soulouque, pour crime de dilapidation.

— — 20 *janvier*. A trois heures, le *Melburn* chauffe et quitte le port avec Soulouque pour la Jamaïque. Sa famille, les généraux D. Delva, Vil Lubin et Dessalines l'y accompagnent.

— — 23 *janvier*. Prestation de serment du général Geffrard au Sénat.

— — 24 *mai*. Publication de la loi qui bannit du territoire de la République, à perpétuité, le général Soulouque, ex-empereur d'Haïti; son épouse, Adélina, ex-impératrice; le général Delva, ex-grand chancelier; le général Vil Lubin, ex-gouverneur de la capitale, et le général Dessalines, ex-chef de la police armée de la capitale.

1866 — *Janvier*. La ville du Cap, ayant pour chef le commandant Sylvain Salnave, se soulève contre Geffrard qui vient assiéger la ville.

— — *Février*. Défense héroïque du Cap. Un navire de guerre anglais, le *Bull-Dog*, lance sur la ville de nombreux projectiles.

1866 — *Février*. Deux autres bâtiments anglais, arrivés de la Jamaïque, attaquent à la fois toutes les défenses de la ville, qui est obligée de se soumettre. Geffrard y entre en triomphateur.

1867 — *Mars*. Soulèvement d'Haïti contre Geffrard.

1867 — 13 *mars*. Il s'embarque furtivement pendant la nuit et se rend à Kingston.

— — 14 *mars*. Réunion du Sénat qui offre au général Nissage-Saget, qui refuse, la présidence de la République.

— — 15 *mars*. Un gouvernement provisoire présidé par Nissage-Saget s'établit.

— — *Avril*. Convocation d'une Assemblée constituante qui vote la constitution libérale de 1867. Sylvain Salnave est élu président pour quatre ans.

— — *Juillet*. Mort de Soulouque au Petit-Goâve, sa ville natale.

1868 — Nissage-Saget, quelques geffrardistes et antigeffrardistes, mécontents de la nomination de Salnave, prennent les armes.

1869 — Les révoltés entrent dans la capitale. Cerné dans son palais, Salnave parvient à s'échapper; mais arrêté à la frontière par Cabral, il est livré à ses ennemis.

1870 — 15 *janvier*. Salnave passe devant un conseil militaire, présidé par le général P. Lorguet.

— — 15 *janvier*. Condamnation à mort de Salnave qui est exécuté à la Saline.

— — *Février*. Nissage-Saget est élu président pour quatre ans.

1871 — Substitution, puis retrait subit du papier-monnaie.

1874 — Fin de la présidence de Nissage. Une dissidence provoquée à dessein éclate entre les représentants des communes, et la Chambre se trouve en minorité pour élire constitutionnellement un président.

1874 — *Février.* En se retirant, Nissage impose Domingue comme général en chef de l'armée, à la garde de qui sont livrées les affaires du pays.

— — *Mai.* Les assemblées primaires sont convoquées, des constituants sont élus, et une constitution votée est promulguée.

— — 11 *juin.* Le général Michel Domingue reçoit de la Constituante le mandat de conduire les destinées de la nation pendant huit années. Domingue, homme sans énergie, abandonne le pouvoir à Septimus Rameau, qui commet les atrocités les plus effrénées. La constitution est violée, les lois sont foulées aux pieds. La majeure partie des citoyens est bannie sans jugement.

1875 — Les impôts sont augmentés au quintuple ; un emprunt de douze millions de piastres est contracté ; Septimus veut s'approprier cette somme.

— — Les exilés se concertent pour venir arracher leur patrie aux griffes du vautour.

— — 7 *mars.* Les habitants de Jacmel prennent les armes.

— — 3 *avril.* Une des villes du Nord, Le Trou, fait entendre le cri de ralliement.

— — 4 *avril.* Le Cap se soulève à son tour, et tous les départements, formant une seule et même légion, viennent camper aux portes de la capitale.

— — 15 *avril.* Les Port-au-Princiens eux-mêmes, qui n'attendaient que ce mouvement spontané, se ruent sur le palais. Septimus est tué, et Domingue ne doit son salut qu'à la vigilance du chargé d'affaires de France. Il s'embarque quelques jours après sur un navire étranger, et se rend, avec sa famille, à Saint-Thomas.

1875 — 16 *avril*. Le peuple fait justice du général P. Lorquet, le cruel et principal sicaire du gouvernement Domingue-Rameau.

— — 24 *avril*. Quelques membres des comités révolutionnaires se réunissent à Port-au-Prince en comité central révolutionnaire et installent un gouvernement provisoire composé de cinq membres, puis les assemblées primaires sont convoquées et les députés élus.

— — Le général Nord Alexis, à la tête d'une bande de mécontents, prend les armes au Cap, pour revendiquer les droits du peuple lésés, selon lui, par les membres du Gouvernement provisoire.

— — Délégués dans le Nord, les généraux Boisrond-Canal et Hippolyte entrent dans la ville rebelle sans coup férir, et Nord Alexis, avec la permission et sous la protection des délégués du Gouvernement provisoire, s'embarque pour Kingston.

— — 17 *juillet*. L'Assemblée nationale se constitue, et on procède à la nomination du premier magistrat de l'État. Le général Boisrond-Canal obtient la majorité absolue des suffrages et accepte le fauteuil présidentiel.

EXERCICES.

1° Qui a découvert l'île d'Haïti?
2° A quelle époque fut-elle découverte? A quelle époque la ville d'Isabelle fut-elle fondée?
3° Par qui la ville de Santo-Domingo fut-elle fondée?

4° Quelle était la population d'Haïti, lors de sa découverte?
5° Que fit-on pour la repeupler, après que les premiers habitants périrent sous le joug de fer des colons?
6° Par qui le café et le cacao furent-ils naturalisés en Haïti?
7° Qu'est-ce qui mit fin aux hostilités entre les Espagnols et les Français, dans l'île?
8° Par qui la liberté générale fut-elle proclamée au Cap? et à quelle époque?
9° Quand l'indépendance d'Haïti fut-elle proclamée?
10° Qui était Alexandre Pétion?
11° En quelle année le président Boyer laissa-t-il Haïti?
12° Quand la partie de l'Est se sépara-t-elle des autres points de l'île?
13° Quand la cérémonie du sacre de Leurs Majestés Impériales eut-elle lieu? et dans quelle ville?
14° Quand la déchéance de Soulouque eut-elle lieu? La République, quand fut-elle proclamée? Par qui?
15° Qui fut proclamé président d'Haïti?
16° Quelle ville prit les armes contre le président Geffrard?
17° En quelle année Geffrard laissa le pays?
18° Quand la constitution de 1867 fut-elle votée?
19° Qui prit les armes contre Salvave?
20° Que fit-on de Salvave?
21° Qui fut élu président?
22° Que fit le président N. Saget en se retirant du pouvoir?
23° Que firent Domingue et Rameau?
24° Que fit Jacmel?
25° Qu'arriva-t-il à Domingue, Rameau et Lorquet?
26° Quels sont les événements après le 16 avril?
27° Qui fut élu président?

FIN DE LA QUATRIÈME ET DERNIÈRE PARTIE.

TABLE DES MATIÈRES

PREMIÈRE PARTIE.

DEUXIÈME PARTIE.

Villes et lieux remarquables.

TROISIÈME PARTIE.

QUATRIÈME PARTIE.

PARIS. TYPOGRAPHIE DE E. PLON ET Cie, RUE GARANCIÈRE, 8.

PARIS. TYPOGRAPHIE DE E. PLON ET Cie
RUE GARANCIÈRE, 8.

www.ingramcontent.com/pod-product-compliance
Ingram Content Group UK Ltd.
Pitfield, Milton Keynes, MK11 3LW, UK
UKHW021112200726
13857UKWH00003B/1211